山东省社会科学规划研究项目文丛

德州学院学术著作出版基金资助

齐鲁服饰文化研究

徐静　穆慧玲　著

中国社会科学出版社

图书在版编目（CIP）数据

齐鲁服饰文化研究／徐静、穆慧玲著．—北京：中国社会科学
出版社，2013.8
ISBN 978 - 7 - 5161 - 2651 - 6

Ⅰ.①齐… Ⅱ.①徐… ②穆… Ⅲ.①服饰文化—研究—
山东省 Ⅳ.①TS941.12

中国版本图书馆 CIP 数据核字（2013）第 104758 号

出 版 人　赵剑英
选题策划　郭沂纹
责任编辑　吴丽平
责任校对　高　婷
责任印制　张汉林

出　　　版　中国社会科学出版社
社　　　址　北京鼓楼西大街甲 158 号（邮编 100720）
网　　　址　http://www.csspw.cn
　　　　　　中文域名:中国社科网　　　010 - 64070619
发 行 部　010 - 84083685
门 市 部　010 - 84029450
经　　　销　新华书店及其他书店

印　　　刷　北京市大兴区新魏印刷厂
装　　　订　廊坊市广阳区广增装订厂
版　　　次　2013 年 8 月第 1 版
印　　　次　2013 年 8 月第 1 次印刷

开　　　本　710 × 1000　1/16
印　　　张　16.75
插　　　页　2
字　　　数　268 千字
定　　　价　52.00 元

序

　　山东是中华文明的重要发祥地之一，著名的北辛文化、大汶口文化和龙山文化与其他古老文化一起，展现了齐鲁文明的灿烂曙光。春秋以后，齐鲁文化以其博大精深的内蕴，成为中华文化沃野中的一棵巨树。几千年来，其枝干根脉遍布浩如烟海的典籍著述。深植于齐鲁民间的服饰文化鲜活地体现着齐鲁文明的独特风采，是齐鲁儿女卓越智慧的结晶和体现。研究齐鲁地域服饰文化，其目的在于更好地继承、弘扬齐鲁服饰文化。

　　本书从经纬两条线展开对齐鲁服饰文化的研究：经线，就是史的方面，以考古文物和遗存为基础，按照齐鲁服饰文化发展的历史脉络，从上古到1949年新中国成立，跨越5000年，以考证的方式，梳理出各个历史朝代的齐鲁服饰的特点，由此来呈现出齐鲁服饰文化发展的真实面貌。纬线，就是按照山东不同地域的服饰、服装材料、服饰工艺特色等，将齐鲁大地上独具特色的服饰艺术及其相关艺术呈现给读者，这一部分主要包括：山东的丝绸（柞蚕丝绸、桑蚕丝绸）、鲁锦、山东蓝印花布、山东彩印花布、鲁绣以及草编服饰等内容。除此之外，为了使读者充分了解齐鲁服饰文化的博大精深、丰富多样，还专门开辟了齐鲁服饰专题，主要包括齐鲁服饰与民俗、齐鲁诸子的服饰思想、齐鲁民间艺术与服饰等，从山东的民俗、齐鲁诸子的服饰思想以及齐鲁民间其他艺术形式对齐鲁服饰的影响等方面展开论述。

　　本书打破齐鲁地域、时空的界限，以服饰为研究对象，依托真实可靠的历史资料和田野调查资料，吸收自20世纪以来，尤其是近30年来山东服饰考古学界的研究成果，较系统地理清了数千年来山东服饰文化这一优秀遗产，较全面地记录了齐鲁服饰文化传承流布的状况。本书收录了近300幅精当的图片，有画像石拓片、剪纸、年画、壁画、照片及各类报刊、书籍中刊登的反映齐鲁服饰的图片等，这些图片为读者正确认识和了解齐鲁服饰文化的丰富内涵和多样性提供重要参考。

徐 静

2013 年 2 月于德州学院

目　　录

序 ……………………………………………………………………………（1）

第一篇　齐鲁历代服饰文化

第一章　先秦齐鲁服饰文化 …………………………………………（3）

　　第一节　新石器时代至西周前的服饰 ……………………………（3）

　　第二节　先秦齐国的服饰 …………………………………………（4）

　　第三节　先秦鲁国的服饰 …………………………………………（7）

第二章　秦汉齐鲁服饰文化 …………………………………………（17）

　　第一节　秦代齐鲁服饰 ……………………………………………（17）

　　第二节　汉代齐鲁服饰 ……………………………………………（18）

第三章　魏晋南北朝时期齐鲁服饰文化 ……………………………（34）

　　第一节　魏晋南北朝时期齐鲁男子服饰 …………………………（35）

　　第二节　魏晋南北朝时期齐鲁女子服饰 …………………………（41）

　　第三节　魏晋南北朝时期传入齐鲁地区的北方民族服饰 ………（45）

　　第四节　魏晋南北朝时期齐鲁地区的军事服装 …………………（49）

第四章　隋唐时期齐鲁服饰文化 ……………………………………（52）

　　第一节　隋代齐鲁服饰 ……………………………………………（52）

　　第二节　唐代齐鲁服饰 ……………………………………………（54）

第五章　宋金时期齐鲁服饰文化 ……………………………………（57）

　　第一节　宋金时期齐鲁男子服饰 …………………………………（57）

　　第二节　宋金时期齐鲁女子服饰 …………………………………（60）

第六章　元代齐鲁服饰文化 ……………………………………（68）

第七章　明代齐鲁服饰文化 ……………………………………（72）

　　第一节　明代齐鲁男子服饰 …………………………………（73）

　　第二节　明代齐鲁女子服饰 …………………………………（84）

第八章　清代齐鲁服饰文化 ……………………………………（89）

　　第一节　清代齐鲁男子服饰 …………………………………（89）

　　第二节　清代齐鲁女子服饰 …………………………………（99）

　　第三节　清代齐鲁地区的军服 ………………………………（105）

第九章　民国齐鲁服饰文化 ……………………………………（106）

　　第一节　民国齐鲁男子服饰 …………………………………（107）

　　第二节　民国齐鲁女子服饰 …………………………………（110）

第十章　新中国齐鲁服饰 ………………………………………（113）

　　第一节　20世纪50年代的齐鲁服饰 ………………………（113）

　　第二节　20世纪60年代的齐鲁服饰 ………………………（116）

　　第三节　20世纪70年代的齐鲁服饰 ………………………（117）

　　第四节　改革开放后的齐鲁服饰 ……………………………（118）

第二篇　齐鲁地区的服装材料与服饰工艺

第十一章　丝绸 …………………………………………………（123）

　　第一节　齐鲁丝绸溯源 ………………………………………（123）

　　第二节　齐鲁柞蚕丝绸 ………………………………………（125）

　　第三节　齐鲁桑蚕丝绸 ………………………………………（130）

　　第四节　丝绸之路与齐鲁丝织业 ……………………………（133）

第十二章　鲁锦 …………………………………………………（135）

　　第一节　鲁锦溯源 ……………………………………………（135）

　　第二节　鲁锦工艺 ……………………………………………（135）

　　第三节　鲁锦的艺术特征 ……………………………………（138）

第十三章　齐鲁民间蓝印花布 …………………………………（150）

　　第一节　齐鲁民间蓝印花布溯源 ……………………………（150）

第二节　齐鲁地区民间蓝印花布的制作工艺 ……………… (150)

第三节　齐鲁民间蓝印花布的花纹素材 …………………… (151)

第四节　齐鲁民间蓝印花布的艺术特征 …………………… (154)

第十四章　齐鲁民间彩印花布 ……………………………… (156)

第一节　齐鲁民间彩印花布溯源 …………………………… (156)

第二节　齐鲁民间彩印花布工艺 …………………………… (156)

第三节　齐鲁民间彩印花布的艺术特征 …………………… (158)

第十五章　鲁绣 ……………………………………………… (164)

第一节　鲁绣溯源 …………………………………………… (164)

第二节　鲁绣工艺 …………………………………………… (165)

第三节　鲁绣的艺术特征 …………………………………… (172)

第十六章　齐鲁草编服饰 …………………………………… (189)

第三篇　齐鲁服饰专题

第十七章　齐鲁服饰与民俗 ………………………………… (201)

第一节　儿童服饰与民俗 …………………………………… (201)

第二节　节日服饰与民俗 …………………………………… (203)

第三节　婚丧服饰与民俗 …………………………………… (204)

第四节　宗教服饰与民俗 …………………………………… (205)

第十八章　齐鲁诸子的服饰思想 …………………………… (208)

第一节　孔子的服饰思想 …………………………………… (208)

第二节　孟子的服饰思想 …………………………………… (211)

第三节　墨子的服饰思想 …………………………………… (214)

第四节　管子的服饰思想 …………………………………… (215)

第五节　晏子的服饰思想 …………………………………… (216)

第十九章　齐鲁民间艺术与服饰 …………………………… (217)

第一节　剪纸与服饰 ………………………………………… (217)

第二节　木版年画与服饰 …………………………………… (227)

第三节　民间绘画与服饰 …………………………………… (236)

第四节　民间戏曲与服饰 …………………………………（240）

第五节　民间玩具与服饰 …………………………………（248）

第六节　民间舞蹈与服饰 …………………………………（251）

参考文献 ………………………………………………………（258）

第一篇

齐鲁历代服饰文化

第一章 先秦齐鲁服饰文化

齐鲁文化即是产生在今山东大地上的文化，它有广义、狭义之分，广义上，从地域文化圈来讲，它与中原文化、秦晋文化、燕赵文化、吴越文化、荆楚文化、巴蜀文化等相并提，是一个有别于这些文化的独立的文化体系；其地域范围，当以古齐、鲁领地，即今山东地区为主；时限上则贯通古今。狭义地讲，齐鲁文化是指先秦时期齐、鲁两国的文化，是各自独立又互相渗透融会、各有特点的两种文化。秦汉时期，它们完全融于传统文化之中而不复单独存在。齐鲁文化的两层含义，也是互相区别又互相联系的，广义的齐鲁文化是狭义的齐鲁文化互相渗透融合的产物。所以，我们所指的齐鲁服饰文化，也就是山东服饰文化，其上限起自旧石器时代的沂源猿人，下限为近现代。

第一节 新石器时代至西周前的服饰

齐鲁地区在历史上十分发达，远古时代已形成了泰山文化区，先后创建和发展了北辛文化、大汶口文化、龙山文化等代表性文化。新石器时期精美的石器、陶器、玉器、骨雕等优秀的古代文化呈现出齐鲁地区古代劳动人民的智慧（图1—1）。①

服饰是人类文明生活的重要支柱和组成部分，是人类发展到一定历史时期的产物。人类的演变经历了直立人—智人—现代人等历史阶段。在智人阶段，齐鲁先民开始用兽皮裹身御寒。他们在经历了漫长的旧石器时代后逐渐积累了经验，开始了农耕畜牧，营造房屋改变了野居的生

---

① 华梅：《古代服饰》，文物出版社 2004 年版，第 9 页。

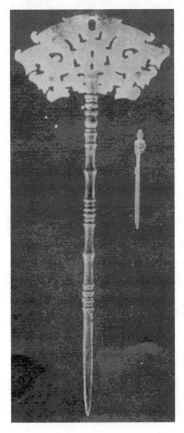

图1—1 山东省临朐出土的
新石器时代玉簪

活方式。男子外出狩猎，女子从事制陶、纺麻、缝制衣服，改变了原始的裸态生活，转变为戴冠穿衣的文明生活。

在山东省出土的新石器时期的大汶口文化和龙山文化等几处规模较大的文化遗址中，几乎都有纺纱捻线的原始工具"石纺轮"，织布的工具"骨梭"、"木机刀"及"机具卷布轴"等。在1959年泰安县大汶口文化遗址挖掘的陶具中，有各种各样的精美纹饰。继大汶口文化后的是山东龙山文化（现在章丘龙山镇）。龙山文化是中国著名的新石器时代的晚期文化，制陶工艺已达到了很高的水平，从这些出土的工艺中可以看到当时人们的穿戴情况。其中有：人面鱼纹，多数戴有尖顶高冠，冠缘及左右底侧有装饰物，左右底侧对称外展，并有向上弯翘的两支冠翅。另外，还出土了阴刻兽面纹玉锛、三牙璧、鸟形玉饰等。常见的纹饰有划纹、弦纹、竹节纹和镂孔等，这些精美的陶制品，都是齐鲁服饰文化的重要组成部分，这也为我们研究齐鲁服饰文化提供了宝贵的历史资料。[①] 考古界认为，它们的出土表明龙山时期社会显贵阶层确已出现。同时，从服饰考古角度也可认定，这一时期中国佩饰工艺已趋于成熟。

第二节　先秦齐国的服饰

两周（西周、东周）时期，在黄河下游、海岱之间这块古老而又

---

① 王华莹：《戏剧探索文论·戏论集》，中国戏剧出版社2001年版，第206页。

肥沃的大地上有两个大的封国，一曰齐，一曰鲁。齐国的第一位君主是姜子牙，都城设在临淄；鲁国的第一位君主是周公旦的儿子伯禽，都城建于曲阜。在千百年的历史长河中，这一地区逐渐形成了两支独具特色的文化系统，即齐文化和鲁文化。秦汉以前，齐鲁文化双峰并立；秦汉以降，齐鲁文化互相交融，共同建构了中国传统文化的主干。齐文化形成于西周初叶的封邦建国，与鲁文化融合于西汉前期的独尊儒术。齐鲁文化既是中国传统文化的一个主要源头，又是中国传统文化的重要组成部分。

衣帽装束是一个地区、一个民族经济状况、风俗习尚、审美情趣等最直观的体现。尤其是在中国古代，衣饰成为人的等级、地位的重要标志。先秦时代的齐国，有着植桑养蚕、发展纺织业的传统，自太公始封，便"劝其女功，极技巧"，最终使"齐冠带衣履天下"。这些记载说明，当时齐国的服饰文化相当发达。

齐国依山傍海，疆域辽阔，这一地域特征赋予了齐人豁达开朗的性格。其衣冠服饰也以宽缓舒裕为特点，体现出东方泱泱大国之风。齐人的衣服相当讲究，尤其是上层社会的人们，多是冬衣裘，夏穿绸。裘是带毛的皮袄，毛向外而衣。裘以狐皮为贵，尤以白狐皮为最。据《史记·孟尝君列传》载，齐孟尝君被囚于秦，知道秦昭王的幸姬贪财，便暗地里派人向她求救，幸姬表示"愿得君狐白裘"。于是孟尝君又派人偷回已送给秦王的狐白裘，献给幸姬，孟尝君因此得以脱险，足以见得狐白裘价值连城。能着狐白裘的人，不是君王，也是贵族。《晏子春秋·内篇谏上》说："景公之时，雨雪三日而不霁，公被狐白之裘，坐于堂侧阶。"另据载，齐景公曾赐给晏婴狐白裘，其价值千金。除了皮衣之外，丝绸也是齐人的重要衣料。齐国丝织业相当发达，生产出罗纨、曳绮、縠等多种精美丝织品，并且，这些丝织品在贵族的生活中已相当普及。如《国语·齐语》载，齐桓公对管仲说："昔吾先君襄公……唯女是崇，九妃六嫔，陈妾数百。食必粱肉，衣必文绣。""文绣"是指带有花纹的丝织品或服饰，齐国宫廷中大小宫女皆衣着华丽，甚至于"君之厩马百乘，无不披绣衣而食菽粟者"。

　　齐人穿着讲究装饰，一般衣服上都有花边，并且注重衣服的颜色搭配。据《晏子春秋·内篇谏下》载，齐景公为追求衣饰华丽，"衣黼黻之衣，素绣之裳，一衣而五彩具焉"。是说齐景公穿着绣花礼服，白绸子绣花的下衣，一身衣服五彩俱全，鲜艳无比。除了色彩外，衣服的形式也多种多样，如长裙、短裙、窄袖、曲裾、短裤、长袍等式样齐全。同时，也有束红、白腰带、珠玉器等饰物。

　　在注重衣饰的同时，齐人还喜欢戴巨冠。《晏子春秋·内篇谏下》载，齐景公临朝听政时"为巨冠长衣"。齐国君王所戴之冠曰高山冠，"形如通天冠，顶不邪却，直竖铁为卷梁，高九寸，无山展筒"。齐国的武将也戴大冠。如《战国策·齐策六》就有田单"大冠若箕"的记载。可见，在当时的齐国，戴高帽子是一种卓显高贵的时尚，这对齐国"冠带衣履天下"局面的形成，无疑起到了重要的推动作用。齐人还注重帽子的修饰，《晏子春秋·内篇谏下》载晏婴曾劝谏齐景公"冠足以修敬，不务其饰……冠无觚羸之理，身服不杂彩，首服不镂刻"。意思是说，戴帽子能表示严肃恭敬就行了，不要过分追求帽子的装饰，更不必讲究什么方圆棱角了。当时齐人所戴帽子两侧各有一根小系带，叫做"缨"，可以在颌下打结，以免掉帽子，《史记·滑稽列传》曾载："淳于髡仰天大笑，冠缨索绝。"意即系帽子的带子被挣断。

　　文献中关于齐人鞋子的记载也很多。如《晏子春秋·外篇上》记载："大带重半钩，舄屦倍重，不欲轻也。"舄是屦的另名，即古代的鞋子，屦为单底，舄为复底。齐国贵族对屦舄非常讲究，追求豪华。据《晏子春秋·内篇谏下》载："景公为屦，黄金之綦，饰以银，连以珠，良玉之绚，其长尺，冰月服之以听朝。晏子朝，公迎之，屦重，仅能举足。"对景公之屦的大小、质地、装饰描述详尽，既显示出景公的奢侈，又指出了他不切实际的窘相。景公曾经问晏婴市场行情，晏子答曰："踊贵屦贱"，以此进谏景公修德减刑。另外，逢于何的母亲死后，"遂葬其母路寝之墉下，解衰去绖，布衣滕履，元冠疕武，踊而不哭。"对逢于何服丧期间的衣着鞋帽也都有交代。

此外，由于国君的喜好与提倡，臣属和百姓争相效仿，齐人形成了一种效君王、追时髦的着装风习。据《韩非子·外储说左上》记载："齐醒公好服紫，一国尽服紫。当是时也，五素不得一紫。桓公患之，谓管仲曰：'寡人好服紫，紫贵甚，一国百姓好服紫不已，寡人奈何？'管仲曰：'君欲止之，何不试勿衣紫也。'谓左右曰：'吾甚恶紫之臭。'公曰：'诺'。于是左右适有衣紫而进者，公必曰：'少却，吾恶紫臭。'于是日，郎中莫衣紫；其明日，国中莫衣紫；三日，境内莫衣紫。"又据《晏子春秋·内篇杂下》载，齐国曾盛行过女着男装之风，究其原因也是和齐灵公"好妇人而丈夫饰者"有密切的关系，尽管灵公指派官吏以"裂衣断带"而禁之，仍不能止。最后，还是从灵公自身做起，才平息了这股女着男装的风气。① 由此可见，上行下效，齐人的着装风习确与齐君的喜好提倡有关。

除了文献记载外，有关齐人服饰的考古资料也非常丰富。1976 年，山东临淄郎家庄一号东周墓出土的女性陶俑，其长裙收腰曳地，窄长袖，上有红黄黑褐等彩色的条纹。山东长岛发现的战国时期齐国贵族墓，出土的女性陶俑上衣为窄长袖，交领右衽，多为淡青色，也有红黄色，下衣为长裙，以红、黑直条纹作饰，也有束红、白腰带的。同时出土的铜鉴人像服饰，有的穿上衣短裤，有的穿齐膝长袍，也有的穿长衣曳地。通过这些考古资料我们直观地看到，不同职业的人着装习惯有着较大差异，表明了齐人服饰的务实性与多变性。

第三节　先秦鲁国的服饰

一　西周时期鲁国的服饰

西周时期，统治阶级为了稳定阶级内部秩序，制定了严格的等级制度和相应的冠服制度。在周代众多邦国中，鲁国由于其封国的性质和特殊地位，与周王室有着密切的关系。鲁国是周公之子伯禽的封国，而周公无论在帮助武王争夺天下，还是在成王年幼时平定天下，

---

① 宣兆琦：《齐文化通论》，新华出版社 2000 年版，第 295 页。

都有卓著的功勋。因此，鲁国初封时受赐极为丰厚，不仅得到了土地民人，还得到祝、宗、卜、史等掌礼之官职及备物、典策、彝器等器、礼仪和礼乐典籍。让其他封国更不能企及的是鲁国还被周王室特许使用天子之礼乐。所以鲁国自建国之初，就比较完整地具备了周的礼乐制度，成为推行周礼的示范性大国。① 另外，也是由于周公的原因，鲁人对周礼有一种特别的亲切感，"先君周公制礼"成为其津津乐道的口头禅，在行动上循礼而行成了十分自然的事情。这些原因使鲁国成为保存和实施周礼的典型邦国。特别是进入春秋后，由于周王室的文物典籍、礼器在西周末年的犬戎入侵和平王东迁的动乱中丧失殆尽，王室的地位亦日益衰微，鲁国则成为保存典型的周礼最多的国家。

以冕服为首的冠服体系在西周礼制社会中扮演着重要角色，并对后世产生重要影响。《周礼》是遗存至今记录这些条文最详细的材料，从中探寻西周的衣冠服制应是较为准确的。鲁国作为接受周统观念最坚定的国家，其服饰应该与《周礼》所载内容基本一致，因此，我们可从《周礼》来探讨同一时期鲁国的服饰。

冕服在西周形成以后，在历代沿袭中虽有所损益，但其等级意义被完整保留下来。冕服是中国古代服装的重要组成部分，主要由冕冠、冕服和佩饰附件三部分组成。

（一）冕冠

冕冠是周代礼冠中最为尊贵的一种，穿着起来威严华丽、仪表堂堂，专供天子、诸侯和卿大夫等各统治者官员在参加各种祭祀典礼活动时穿着，成语"冠冕堂皇"一词就是从这里引申出来的。冕冠由冕板和冠两部分组成，冕板是设在筒形冠顶上的一块长方形木板，称为綖板。綖板用细布帛包裹，上下颜色不同，上面用玄色，喻天，下面用纁色，喻地。冕板宽八寸，长一尺六寸，前圆后方，象征天圆地方。冕板固定在冠顶之上时，必须使其前低后高，呈前倾之势。这样设计的用意，据说是为了警示戴冠者，虽身居显位，也要谦卑恭

---

① 梁方健：《鲁国史话》，山东文艺出版社 2004 年版，第 109 页。

让，同时也含有为官应关怀百姓之意。冕板的前后沿都垂有用彩色丝线串联成的珠串，也各有称谓：彩色丝线叫"藻"或"缫"，丝线上穿缀的珠饰叫做"旒"，合称为"玉藻"或"冕旒"。每颗玉珠之间要留有一定的间距（约一寸），为使珠玉串叠为一起，采用在丝线的适当距离部位打结固珠的办法，两节之间称为"就"。所用彩色丝线和玉珠也有讲究，如天子位尊，用最多的青、赤、黄、白、黑五种色彩合成的缫（藻）和串有朱、白、苍、黄、玄五种色彩的玉珠共同组成的玉藻，每旒所用玉珠的数量可用最多的十二玉为饰。而诸侯只能用朱、白、苍三色组成的九旒玉藻。这里用五色丝线和用五色玉珠按顺次排列，象征着五行生克及岁月流转。悬挂在冕沿上的冕旒犹如一副帘子，刚好遮挡了一部分视线。这样设计的目的，据说是要求戴冠者对周围发生的一些事情要有所忽视，"视而不见"一语就是由此而生的。[①] 冕板下面是筒状的冠体，冠体两侧对称部位各有一个小圆孔，叫"纽"。它的用途是，当冠戴在头上后，用玉笄顺着纽孔横向穿过对面的纽孔，起固冠的作用。从玉笄两端垂黈纩（黄色丝绵做成的球状装饰）于两耳旁边，也有称它为"瑱"或"充耳"的说法，是表示帝王不能轻信谗言，成语"充耳不闻"就是由此而引申出来的。这也就是《汉书·东方朔传》所讲的："冕而前施，所以蔽明；黈纩充耳，所以塞聪。"从冠上横贯左右而下的，是一条纮，即长长的天河带。

（二）冕服

1. 冕服

冕服是采用上衣下裳的基本形制，即上为玄衣，玄，指带赤的黑色或泛指黑色，象征未明之天；下为纁裳，纁，指浅红色（赤与黄即纁色），表示黄昏之地（图1—2）。[②]

---

① 赵连赏：《中国古代服饰图典》，云南人民出版社 2007 年版，第68—69 页。

② 周锡保：《中国古代服饰史》，中国戏剧出版社 2002 年版，第17 页。

延（冕板）
笄
通天冠
黑介帻，附蝉
冕旒
纮
充耳（瑱）
上衣
月
大河带
大带
革带
疑黼纹
黼纹
疑火纹
星辰纹
山纹
黻
下裳
舄

就间相距一寸
日
中单（曲领）
玉其剑

图 1—2 皇帝冕服及各部位名称说明图

2. 王权的标志：十二章服饰纹样

在冕服的玄衣纁裳上要绘、绣十二章纹样，前六章作绘，后六章缔绣。十二章纹样不仅本身带有深刻的意义，其纹样的章数还带有鲜明的阶级区别，与其他西周服装元素共同构成中国古代冕服的基本形制。十二章纹样是帝王在最隆重的场合所穿的礼服上装饰的纹样，依次为日、月、星辰、山、龙、华虫、宗彝、藻、火、粉米、黼和黻，分别象征天地之间十二种德性。所用章纹均有取义：日、月、星辰，取其照临；山，取其稳重；龙，取其应变；华虫（一种雉鸟），取其文丽；宗彝（一种祭祀礼器，后来在其中绘一虎），取其忠孝；藻（水草），取

其洁净；火，取其光明；粉米（白米），取其滋养；黼（斧形），取其
决断；黻（常作亚形，或两兽相背形），取其明辨（图1—3）。①

图1—3　冕服上的十二章纹样②

（三）冕服的附件

冕服的附件主要包括：中单、芾、革带、大带、佩绶和舄等。

1. 中单：是衬于冕服内的素纱衬衣。

2. 芾：又作黻或韨，即蔽膝，由商代奴隶主的腰间韦鞸发展而来。
系于革带之上而垂于膝前，由于最早衣服的形成是蔽前之衣，因此加之
于冕服之上有不忘古之意。天子用直，色朱，绘龙、火、山三章；公侯
芾的形状为方形，用黄朱，绘火、山二章；卿、大夫绘山一章。

3. 革带：宽二寸，前以系黼，后面系绶。

---

① 黄能馥、陈娟娟：《中国服装史》，中国旅游出版社2001年版，第33页。
② 袁杰英：《中国历代服饰史》，高等教育出版社1994年版，第22页。

4. 大带：是系于腰间的丝帛宽带。以素色为主，等级区别以带上的装饰为标志：天子素带朱里，诸侯不用朱里。大带之下垂有绅，博四寸，用以束腰。

5. 佩绶：天子佩白玉玄组绶，诸侯佩山玄玉朱组绶，大夫佩水苍玉等。

6. 舃：是与冕服配套使用的一种复底礼鞋。分为底和帮两部分：底的上层为皮或帛，下层为木质；帮以帛为之。[①]

（四）西周时期的一般服饰

西周时期，统治者不但对冕服做了严格的规定，对一般服饰也有严格规定。西周时期的一般服装主要有：深衣、玄端、袍、襦、裘等。

1. 深衣

西周时期出现了一款新样式——深衣。深衣含有被体深邃之意，故得名。周代以前的服装是上衣下裳制，那时候衣服不分男女全都做成两截——穿在上身的那截叫"衣"，穿在下身的那截称"裳"。深衣是上衣与下裳连成一体的上下连属制长衣，一般为交领右衽、续衽钩边、下摆不开衩，分为曲裾和直裾两种。为了体现传统的"上衣下裳"观念，在裁剪时仍把上衣与下裳分开来裁，然后又缝接成长衣，以表示尊重祖宗的法度。下裳用6幅，每幅又交解为二，共裁成12幅，以应每年有12个月的含义。这12幅有的是斜角对裁的，裁片一头宽、一头窄，窄的一头叫做"有杀"。在裳的右衽上，用斜裁的裁片缝接，接出一个斜三角形，穿的时候围向后绕于腰间并用腰带系扎，称为"续衽钩边"。深衣是君王、诸侯、文臣、武将、士大夫都能穿的，诸侯在参加夕祭时就不穿朝服而穿深衣。深衣是比朝服次一等的服装，庶人则用它当作吉服来穿。深衣最早出现于西周时期，盛行于春秋战国时期（图1—4）。[②]

2. 玄端

玄端衣袂和衣长都是2.2尺，正幅正裁，玄色，无纹饰，以其端正，故名为玄端。玄端属于国家的法服，天子和士人可以穿。诸侯祭宗

---

① 黄能馥、陈娟娟：《中国服装史》，中国旅游出版社2001年版，第26—28页。
② （清）戴震：《深衣解》，上海古籍出版社2002年版，第194页。

庙也可以穿玄端，大夫、士人早上入庙，叩见父母也穿这种衣服，诸侯的玄端与玄冠、素裳相配，上士亦配素裳，中士配黄裳，下士配前玄后黄的杂裳。

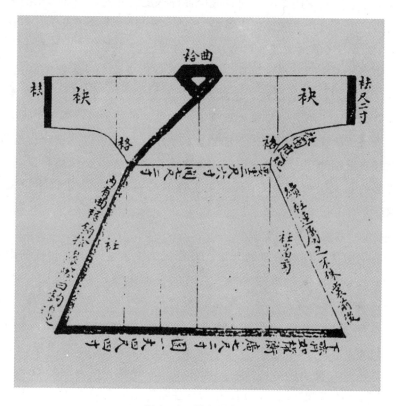

图1—4　深衣示意图

3. 袍

袍也是上衣和下裳连成一体的长衣服，但有夹层，夹层里装有御寒的棉絮。袍根据内装棉絮的新旧而有不同的名字：如果夹层所装的是新棉絮，则称为"茧"；若装的是劣质的絮头或细碎枲麻充数的，称之为"缊"。在周代，袍是作为一种生活便装，而不作为礼服。

4. 襦

襦是比袍短的棉衣。如果是质料很粗陋的襦衣，则称为"褐"。褐是劳动人民的服装，《诗·豳风》："无衣无褐，何以卒岁。"

5. 裘

中华祖先最早用来御寒的衣服就是兽皮，使用兽皮做衣服已有几十万年的历史。原始的兽皮未经硝化处理，皮质发硬而且有臭味，西周时不仅早已掌握熟皮的方法，而且懂得各种兽皮的性质。例如天子的大裘采用黑羔皮来做。贵族穿锦衣狐裘，《诗·秦风》："君子至止，锦衣狐裘。"狐裘中又以白狐裘为珍贵。其次为黄狐裘、青狐裘、麛麑裘、虎裘、貉裘，再次为狼皮、狗皮、老羊皮等。狐裘除本身柔软温暖之外，还有"狐死守丘"的说法，说狐死后，头朝洞穴一方，有不忘其本的象征意义。这无形之中给狐裘增添了一些忠义色彩，因此备受士人的青睐。天子、诸侯的裘用全裘不加袖饰，下卿、大夫则以豹皮饰作袖端。此类裘衣毛朝外穿，天子、诸侯、卿大夫在裘外披罩衣（裼衣），天子白狐裘的裼衣用锦，诸侯、卿大夫上朝时要再穿朝服。士以下庶人无裼衣。

（五）西周时期的饰品

西周时期，随着阶级的分化，首饰佩饰除了被赋予宗教性的内涵之外，还被赋予了阶级的内涵。当时的首饰佩饰，主要包括：发笄、冠饰、耳饰、颈饰、臂饰、佩璜、扳指等，有骨、角、玉、蚌、金、铜等各种材质，其中以玉制品最为突出。周代统治者以玉衡量人的品德，所谓"君子比德于玉"、"君子无故玉不去身"，玉德是根据治者德政的需要，将玉固有的质地美转化为思想修养和行为准则的最高标准，以玉德约束君子的社会行为，玉在周代成为贵族阶级道德人格的象征。

1. 佩璜

佩璜是一种玩赏性的佩玉，与礼器上的璜无关。

2. 发笄

齐鲁先民早在新石器时代就用笄来固定发髻，笄的用途除了固定发髻外，还用来固定冠帽。古时的帽，大的可以戴住头部，但冠小只能戴住发髻，所以戴冠必须用双笄从左右两侧插进发髻加以固定，固定冠帽的笄叫做"衡笄"。从周代起，女子年满 15 岁便算成人，可以许嫁，谓之及笄。如果到了 20 岁还没有嫁人，也要举行笄礼。男子到了 20 岁，举行的成年之礼，则是冠礼。

3. 扳指

扳指是射箭时戴在右手大拇指上拉弦的工具，用来保护手指。

（六）西周时期的衣料

西周时期，齐鲁地区的衣料已包括中国衣料的大部分，有皮、毛、丝织、麻、葛各类，高级服装材料已用织锦和刺绣。

二 春秋战国时期鲁国的服饰

春秋战国时期，鲁国崇尚周礼，服饰也不例外。鲁国是周武王之弟周公旦的封地，对周朝的礼仪思想自是心领神会，诸侯列国之中，鲁国是礼仪之邦的榜样和模范。当东周列国割据的时候，各诸侯国"礼乐崩坏"，只有齐鲁之地，尤其是鲁国还保持着相当完整的周礼，从而使华夏文化的重心从中原移至齐鲁。

鲁国服饰崇尚周礼，最典型的例子是鲁国大夫臧哀伯。桓公二年，宋国的太宰华父督为了对鲁国表示亲和，用郜国的大鼎贿赂鲁桓公，桓公则把大鼎安放在太庙里，这一违犯礼制的举动遭到臧哀伯的劝阻，臧哀伯谏曰："君人者半昭德塞违，以临照百官，犹惧或失之。故昭令德以示子孙。是以清庙茅屋，大路越席，大羹不致，粢食不凿，昭其俭也。衮、冕、黻、珽、带、裳、幅、舄、衡、统、纮、綖，昭其度也。藻、率、鞞、鞛、鞶、厉、游、缨，昭其数也。火、龙、黼、黻，昭其文也。五色比象，昭其物也。锡、鸾、和、铃，昭其声也。三辰旂旗，昭其明也。夫德俭而有度，登降有数。文物以纪之，声明以发之，以临照百官。百官于是乎戒惧而不敢易纪律。今灭德立违，而置其赂器于大庙，以明示百官。百官象之，其又何诛焉？国家之败，由官邪也。官之失德，宠赂章也。郜鼎在庙，章孰甚焉？武王克商，迁九鼎于雒邑，义士犹或非之，而况将昭违乱之赂器于大庙，其若之何？"公不听。周内史闻之，曰："臧孙达其有后于鲁乎！君违，不忘谏之以德。"意思是臧哀伯劝阻说："作为人君，要发扬道德而阻塞邪恶，以为百官的表率，即使这样，仍然担心有所失误，所以显扬美德以示范于子孙。因此，太庙用茅草盖屋顶，祭天之车用蒲草席铺垫，肉汁不加调料，主食不吃舂过两次的米，这是为了表示节俭。礼服、礼帽、蔽膝、大圭、腰带、裙子、绑腿、鞋子、横簪、瑱绳、冠系、冠布，都各有规定，用来表示衣冠制度。玉垫、佩巾、刀鞘、鞘饰、革带、带饰、飘带、马鞅，各级多少不同，用来表示各个等级规定的数量。画火、画龙、绣黼、绣黻，这都是为了表示纹饰。五种颜色绘出各种形象，这都是为了表示色彩。锡铃、鸾铃、衡铃、旗铃，这都是为了表示声音。画有日、月、星的旌旗，这是为了表示明亮。行为的准则应当节俭而有制度，增减也有一定的数量，用纹饰、色彩来记录它，用声音、明亮来发扬它，以此向文武百官做明显的表示。百官才有警戒和畏惧，不敢违反纪律。现在废除道德而树立邪恶，把人家贿赂来的器物放在太庙里，公然展示给百官看，百官也模仿这种行为，那还能惩罚谁呢？国家的衰败，由于官吏的邪恶；官吏的失德，由于受宠又公开贿赂。郜鼎放在太庙里，等于公开地受纳贿赂，还有更甚的吗？周武王打败商朝，把九鼎运到洛邑，当时的义士还认为他不对，更何况把明显违法叛乱的贿赂器物放在太庙里，这又该如何是好？"周朝的内使听说了这件事，说："臧孙达的后代在鲁国可能长享禄位吧！国君违背礼制，他没有忘记以道德来劝阻。"①
这次进谏虽然以"君不从"而告终，但从中不难看出，鲁国的服饰应是遵从周礼传统的，而且知礼的官员还大有人在。

---

① 陈书良审定：《春秋·左传》，新疆人民出版社 1995 年版，第 29 页。

第二章　秦汉齐鲁服饰文化

第一节　秦代齐鲁服饰

秦代是我国历史上第一个中央集权制国家。始皇二十六年（前221），秦将王贲攻齐，得齐王建，灭六国，完成统一大业。秦对齐鲁地区的统治时间较短，而我们对于齐鲁境内的秦代文化或秦文化因素尚缺乏足够的认识，因此这一时期的遗迹、遗物发现较少。但是秦始皇东巡，留下了流传千古的著名文化遗存，发现的秦代量器、石刻等文物从不同侧面反映了秦统一中国后齐鲁地区的服饰信息。

为了彰显君威，臣服天下，秦始皇先后五次东巡，其中三次来到齐鲁，并在东巡时立纪功刻石，称颂秦始皇的丰功圣德。其中《琅琊刻石》记载："二十八年，始皇东行郡县，上邹峄山，立石，刻石颂秦德。上泰山，立石，封，祠祀。禅梁父。……过黄、陲，穷成山，登之罘，立石颂秦德焉而去。……南登琅琊，留三月，徙黔首三万户琅琊台下，作琅琊台，立石刻，颂秦德，明得意。"刻石字体为小篆，相传为李斯撰写。另外，在邹县（现邹城市）邾国故城出土的秦诏陶量腹部印诏文20行40字，文为："廿六年，皇帝尽并兼天下诸侯，黔首大安，立号为皇帝，乃诏丞相状、绾，法度量，则不壹，兼疑者皆明壹之。"[1] 在刻石记载和陶量诏文中都提到了"黔首"，这个词与齐鲁服饰有关。黔首是秦代普遍流行的一种头巾，颜色为黑色。由于多为平民百姓使用，所以这种头巾在秦代成了平民百姓的代称。《史

---

[1]　谢治秀：《辉煌三十年：山东考古成就巡礼》，科学出版社2008年版，第149页。

记·秦本纪》："黔首安宁，不用兵革。"《说文解字·黑部》："黔，黎也。从黑。秦谓民为黔首。"[1] 秦诏令称百姓为"黔首"，是由于秦为水德，水德尚黑。综合上述信息可以得出：秦代齐鲁百姓也佩戴黔首。

第二节　汉代齐鲁服饰

与先秦与秦代不同，近 30 年来，山东出土的汉代考古实物较为丰富，这为我们全面了解汉代齐鲁地区的服饰提供了宝贵资料。

一　汉代齐鲁男子的服装

（一）衣与袍

1. 曲裾袍

汉代齐鲁男子以袍服为主要服装，袍服大致分为曲裾、直裾两种。曲裾袍，即为战国时期流行的深衣。汉代仍然沿用，但多见于西汉早期，到东汉，男子穿深衣者已经少见，一般多为直裾袍。曲裾袍的样式多为大袖，袖口部分收紧缩小；交领右衽，领子低袒，穿时露出里衣；袍服的下摆裁成月牙弯曲状（图 2—1）。[2]

2. 直裾袍

汉代齐鲁男子所穿的直裾袍变得宽松肥大，因为无裆裤逐渐被有裆裤取代以后，曲裾袍那用来遮挡无裆裤的裹缠式长衣襟就显得多余，于是，形式更为简洁的直裾袍开始替代曲裾袍，成为新的流行。直裾袍的流行，说明汉代齐鲁男子对服装的要求更趋于实用。直裾袍西汉时出现，东汉时盛行并取代曲裾袍成为正式礼服（图 2—2）。[3]

3. 禅衣

禅衣又作"单衣"。汉代齐鲁男子的正服之一，外形与深衣相似。禅衣与深衣的区别在于：深衣有衬里，禅衣无衬里。

---

[1] 赵连赏：《中国古代服饰图典》，云南人民出版社 2007 年版，第 125 页。

[2] 谢治秀：《辉煌三十年　山东考古成就巡礼》，科学出版社 2008 年版，第 178 页。

[3] 同上书，第 178 页。

图 2—1　山东省东平县东汉墓　　　　图 2—2　山东省东平县东汉墓
壁画中穿曲裾袍的男子　　　　　　　壁画中穿直裾袍的男子

4. 襦

襦是汉代齐鲁男子的实用常服，交领右衽，通身较短，不分男女，穿着方便，有单棉之分，适用于一年中大部分时间穿着。在汉代，广大齐鲁劳动者也穿襦，但他们所穿的襦是用麻丝一类的粗劣织物做成的，叫"褐"，又称为"短褐"。

（二）裤

汉代，裤子得以逐步完善。古代裤子皆无裆，只有两只裤管，形制与以后的套裤相似，穿时套在胫部，所以又被称为"胫衣"，也称"绔"或"袴"。汉代齐鲁男子所穿的裤子，有的裤裆极浅，穿在身上露出肚脐，但是没有裤腰，而且裤管很肥大。后来，裤腰加长，可以达到腰部，而且增加了裤裆，但是没有缝合，在腰部用带子系住，就像今天小孩子的开裆裤，然后在裤子外面围下裳——裙子。汉代的裤子分为长短两种，长的叫"裈"，短的叫"犊鼻裈"，经常和襦搭配穿用。

1. 裈

裈有裆，长度上及腰部，下至脚踝，而且在裤脚处用绳子绑起来，样子很像今天的"灯笼裤"。

2. 犊鼻裈

犊鼻裈相当于今天的三角短裤。这种裤子上宽下窄，很是短小，且两边开口，看起来就像是牛鼻子一样，所以叫"犊鼻裈"。山东沂南汉墓出土的画像石中，劳动者所穿的短裤即为"犊鼻裈"（图2—3）。①

图2—3　犊鼻裈（山东省沂南汉墓出土的画像石劳动者形象）

（三）金缕玉衣

山东临沂出土了一套汉代的金缕玉衣。这套玉衣是1978年5月在临沂城北二十里的洪家店村附近一座汉朝古墓中发现的。这套金缕玉衣仅覆盖头部、双手和双足五个部分，由玉帽、玉面罩、玉手套、玉袜共6件组成，计1140块玉片组成。其中一只手套就有225片玉片。所用玉料为半透明的白玉和青玉，都经过精心磨制，光洁平滑，一般只有一至二毫米厚。每片四角钻有小孔，用极细的纯金丝以十字交叉式联结。

① 黄强：《中国内衣史》，中国纺织出版社2008年版，第29页。

出土时玉片和金缕绝大部分保存良好。对于墓主人的身份，当地流传着两个版本的说法，第一种认为是汉代将军奚涓之墓，在洪家店打仗的时候战死了，就葬在这里。因为他是有功之臣，所以汉代宗室把他厚葬，给他穿上金缕玉衣。另一种认为，刘邦封汉王后，奚涓为将军。汉高帝六年（前201），以军功封鲁侯，功比舞阳侯（樊哙）。奚涓死后，因无子，封其母疵为侯。疵在位10年，吕后五年（前183）薨，封除。墓主人刘疵，很可能就是奚涓之母疵（图2—4）。

图 2—4　山东省临沂出土的汉代金缕玉衣（图片拍自临沂市博物馆）

二　汉代齐鲁男子的头衣

汉代服饰的发展变化，在冠、巾和帻中有明显的反映。汉代的冠是区分等级身份的基本标志之一，其种类来源于三个方面，即恢复周礼之冠、承袭秦代习俗和本朝创新形成。汉代冠的种类繁多，包括冕冠、长冠、委貌冠、爵弁、通天冠、远游冠、高山冠、进贤冠、法冠、武冠、建华冠、方山冠、术士冠、却非冠、却敌冠、樊哙冠等十多种。它们和各式各样的巾、帻一起，使汉代男子的服饰颇具几分韵味。从山东考古发现中考证，汉代齐鲁男子的头衣主要有冕冠、进贤冠、武冠、卷梁冠、巾、帻等样式。

1. 冕冠

冕冠是古代帝王臣僚参加重大祭礼时所用的冠帽，汉代遵循不改，用做皇帝、公侯及卿大夫的祭服；其制上为綖板，长一尺二寸，宽七寸，前圆后方。冕冠的外面多用黑色，里面则用红绿二色。皇帝冕冠，用十二旒，质用白玉；三公诸侯七旒，质用青玉；卿大夫五旒，质用黑玉，按照规定，凡戴冕冠者，必须穿着冕服。冕服与周代的形制大体相同，全身绘绣章纹，各按级别。另有蔽膝、佩绶，组成一套完整的服饰。① 汉代冕冠形制，图像所见不多。山东嘉祥县汉代画像石上"历代帝王图"中的武梁黄帝画像中，所戴即是这种冕冠，山东沂南汉墓出土的画像石中，也有戴冕冠的男子形象（图2—5）。②

图2—5　冕冠（山东省嘉祥县汉代画像石"历代帝王图"中的武梁帝画像）

---

① 周汛：《中国古代服饰风俗》，陕西人民出版社2002年版，第44页。
② 张从军：《汉画像石》，山东友谊出版社2002年版，第364页。

2. 进贤冠

进贤冠，前高七寸，后高三寸，长八寸，公侯三梁（梁即冠上的竖脊），中二千石以下至博士两梁，博士以下一梁。为文儒之冠。在山东沂南汉墓出土的画像石中有戴进贤冠的男子形象（图2—6）。①

图2—6　进贤冠（据山东省沂南汉墓出土的石刻画像绘）

3. 武冠

武冠，又称武弁大冠，诸武官所戴，中常侍加黄金珰附蝉为纹，后饰貂尾，谓之赵惠文冠，秦灭赵以之赐近臣，金取刚强，百炼不耗，蝉居高饮清，口在掖下，汉貂用赤黑色，王莽用黄貂。《续汉书·舆服志》武官在外及近卫武官戴鹖冠，在冠上加双鹖尾竖左右，"鹖者勇雉也，其斗对一，死乃止。"鹖是一种黑色的小型猛禽。山东沂南汉墓出土画像石人物形象中即有戴武冠、穿袍服的汉代官吏（图2—7）。②

4. 梁冠西汉有"梁冠"，又名"卷梁冠"是帝王大臣的冠帽，用

---

① 蔡子谔：《中国服饰美学史》，河北美术出版社2001年版，第362页。
② 李淞：《汉代人物雕刻艺术》，湖南美术出版社2001年版，第45页。

铁制成，冠前有道数不等的梁，以梁的多少定品级。山东沂南汉墓出土
画像石人物形象中即有戴卷梁冠、穿袍服的官吏（图2—8）。[①]

图2—7　戴武冠、穿袍服的汉代官吏　　　图2—8　戴梁冠、穿袍服的汉代官吏
（山东省沂南汉墓出土画像石人物形象）　（山东省沂南汉墓出土画像石人物形象）

5. 巾

冕和冠是只有贵族、官员才能戴用的，而老百姓只能用布帛包头，
称为巾。巾含有"谨"的意思，冠和巾本来是古时男子成年的标志，
男子到了20岁，有身份的士加冠，没有身份的庶人裹巾，劳动者戴帽。
巾在汉代的大部分时间里是劳动者和下层人士的首服，汉末则受到了王
公贵族的青睐。汉代巾的种类非常多，主要有葛巾、幅巾等。葛巾是用
葛布制成，单夹皆多用本色绢，后有两带垂下，为士庶男子用。山东沂
南汉墓出土画像石人物形象中即有戴葛巾的杂技艺人（图2—9）。[②]

①　李淞：《汉代人物雕刻艺术》，湖南美术出版社2001年版，第.35页。
②　同上书，第60页。

6. 帻

帻，是一种由巾演变而成的帽，也是汉代常见的首服之一，无论皇帝、朝廷官员，还是门卒小吏均可戴用。帻的形制很像帕首，当时为了不让头发下垂，就用巾帕把头发包上。汉代的帻，额前多了一个名为"颜题"的帽圈，以便与脑后的三角形状耳相接。文官和武官的冠耳长度不同，文官的稍长些。"颜题"和耳连好后，再用巾盖在上面，形成了"屋"。因为高起部分很像"介"字，故称为"介帻"。如果"屋"呈平顶状，就被称为"平顶帻"。东汉后期还出现了前低后高的平巾帻，前低后高是因为耳高颜题低造成的。"介帻"的冠体被称为展筒，展筒前面装梁，梁是用来区别等级的。身份高贵的还可在帻上加冠，用什么冠也是有讲究的。在汉代，帻还可以作为成年的标志，成年人戴有"屋"的帻，未成年人戴无"屋"的帻，这就是未成年人被称为未冠童子的原因。① 山东沂南汉墓出土的画像石中有戴帻的文吏形象（图2—10）。②

图2—9　戴葛巾的杂技艺人（山东省　　　图2—10　介帻（山东省沂南汉墓
　　沂南汉墓出土画像石人物形象）　　　　出土的画像石中的文吏形象）

① 高格：《细说中国服饰》，光明日报出版社2005年版，第55页。
② 王映雪、于平：《齐鲁特色文化丛书：服饰》，山东友谊出版社2004年版，第147页。

三 汉代齐鲁男子的佩饰

1. 佩绶——紫绶金章

汉代的佩绶也是区分官阶的重要标志。汉代官员腰间常佩有一装官印的囊，而用以系印的绦带叫"绶"。绶是汉代官员权力的象征，以其纺织的稀密、长短和色彩的不同标志着官职的高低，绶以紫色最贵。《汉书·百官公卿表》："相国、丞相……皆金印紫绶。"《史记·范雎蔡泽列传》中就有"怀黄金之印，结紫绶于要（腰）"之句。后用"紫绶金章"泛喻高官显爵。印绶在汉代的社会生活中有着重要作用，以印绶取人是当时的社会特点。山东沂南汉墓出土的画像石上，佩绶的方法交代得比较具体，可与史料记载相证（图2—11）。[①]

图2—11 佩绶官吏（山东省沂南汉墓出土画像石人物形象）

---

① 李凇：《汉代人物雕刻艺术》，湖南美术出版社2001年版，第42页。

2. 簪笔

山东汉墓出土的石刻中有下跪的官员，以双手捧着案牍，作奏事状。他头上所戴的是梁冠，身上穿的是大袍服，腰间系个带鞘的小削（刀），这种装束是汉代常见的样式。只是冠下耳间的簪笔，是目前所见仅有的材料。① 簪笔是汉代的一种制度，官吏奏事，必须先书写于奏牍上，但笔无搁处，只好插在头上耳边的一侧。簪笔在战国就有了，但最初是作为一种饰物。汉代的簪笔，本出于实用，后来又逐渐成为官制的具文，限于御史或文官使用。但是，许多汉晋画像石刻和近年出土的汉代墓中壁画，均未出现簪笔的具体形象。山东沂南汉墓出土的这块石刻，在奏事形象中，有好几个人头上耳边都有一支笔，这为我们研究齐鲁官员簪笔现象提供了可靠的资料（图2—12）。②

图2—12　簪笔奏事的官吏（山东省沂南汉墓出土）

---

① 陈茂同：《中国历代衣冠服饰制》，新华出版社1993年版，第75页。
② 同上书，第70页。

四　汉代齐鲁男子的履

综观历代文献记载，对照出土传世实物，古代常用的鞋头之式有圆头、方头、歧头、高头、笏头、小头、雀头、丛头、云头、虎头、凤头等形制。汉代主要为高头或歧头丝履，上绣各种花纹，或是葛麻制成的方口方头单底布履。另外还有诸多式样和详细规定，如舄为官员祭祀用服；履为上朝时用服；屦为居家燕服；屐为出门行路用。圆头鞋履出现于先秦。在西汉以前，曾作为大夫的专用履式，以区别天子、诸侯的方头之履。东汉以后贵贱通用，并以女性所用为多，以示圆顺。① 从山东沂南汉墓壁画、嘉祥武祠氏汉画像石上可看到穿着圆头履的贵族男子形象。

五　汉代齐鲁女子的服装

1. 深衣

汉代齐鲁女子服装仍承古仪，以深衣为尚。汉代贵族妇女所穿的深衣制礼服，主要通过色彩、花纹、质地、头饰、佩饰等来表明身份、地位的不同。汉代女子所穿的深衣，衣长及地，行走的时候不会露出鞋子；衣袖有宽窄两式，袖口大多镶边；衣襟绕襟层数在原有基础上有所增加，腰身裹缠得很紧，在衣襟角处缝一根绸带系在腰臀部位，下摆呈喇叭状，能够把女子身体的曲线美很好地凸显出来。山东东平县东汉墓壁画中女子的服饰即为深衣（图2—13）。② 山东济南出土的西汉初期彩绘陶乐舞杂技俑中的舞女所穿服装也为深衣（图2—14）。③ 汉代齐鲁女子的深衣，衣领是最有特色的地方，使用的是交领，而且领口很低，这样就可以露出里面衣服的领子，最多的时候可穿三层衣服，当时人称"三重衣"。山东章丘危山汉墓出土的西汉早期女陶俑的服装即为"三重领"的深衣（图2—15④、图2—16⑤）。

---

① 高春明：《中国服饰》，上海外语教育出版社2002年版，第177页。
② 谢治秀：《辉煌三十年　山东考古成就巡礼》，科学出版社2008年版，第178页。
③ 济南市博物馆：《谈谈济南无影山出土的西汉乐舞、杂技、宴饮陶俑》，《文物》1972年第5期。
④ 谢治秀：《辉煌三十年　山东考古成就巡礼》，科学出版社2008年版，第160页。
⑤ 陈先运：《章丘历史与文化》，齐鲁书社2005年版，第456页。

图 2—13　深衣（山东省东平县东汉墓壁画中的女子形象）

图 2—14　西汉女子深衣（山东省
济南西汉出土的彩绘陶女舞俑形象）

图 2—15　西汉早期穿深衣的
陶俑（山东省章丘危山汉墓出土）

图 2—16　"三重衣"深衣（山东章丘汉墓出土的女陶俑形象）

2. 舞女大袖衣

汉代，我国的舞乐表演艺术在前代基础上有较大进步，并出现了专职的歌舞艺人，以供封建贵族阶层的观赏，在汉代的雕塑、壁画、石刻、砖刻等艺术图像中常可看到这样的情况。在汉代歌舞伎形象中，有一种大袖衣，或称"水袖"。舞女身穿长袍，袖端接出一段窄而细长的假袖，以增加舞姿的美观。山东东平县东汉墓壁画中的舞女所穿服装即为大袖衣（图 2—17）①。另外，为了方便活动，图中舞蹈女子所穿的大袖衣长度仅及膝，下配宽松的裤子，这说明汉代齐鲁女子也已经穿用裤子。

图 2—17　山东省东平县东汉墓壁画中穿大袖衣的舞女形象

① 谢治秀：《辉煌三十年　山东考古成就巡礼》，科学出版社 2008 年版，第 178 页。

六　汉代齐鲁女子的发式与首饰

（一）发式

据迄今为止的文物史料表明，汉代大多流行梳平髻，日常生活中，髻上不梳裹、不加饰，以顶发向左右平分式较为普遍。高髻只是见诸贵族女子的一种发式。汉代的主要发式有：堕马髻、望仙九鬟髻、分髾髻、凌云髻、垂云髻、盘桓髻、百合髻等。

1. 望仙九鬟髻

汉代齐鲁女子除了流行梳平髻外，在贵族女子中还流行梳高髻。汉代童谣中便有"城中好高髻，四方且一尺"的说法。因梳妆烦琐，多为宫廷嫔妃、官宦小姐所梳。并且，贵族女子在出席入庙、祭祀等比较正规的场合时，必须梳高髻。其中，望仙九鬟髻是高髻中的代表样式，自秦代即开始在贵族女子中盛行。鬟意为环形发髻、九鬟之意是指环环相扣、以多为贵。仙髻之名则来自于神话传说：汉武帝时王母下凡，头饰仙髻，美艳超群，故这种美与仙结合的产物，自然为当时的贵妇所青睐。山东东平县东汉墓壁画中的贵族女子所梳发式即为望仙九鬟髻（图2—18）。①

图2—18　望仙九鬟髻（山东省东平县东汉墓壁画中的贵族女子形象）

---

①　谢治秀：《辉煌三十年　山东考古成就巡礼》，科学出版社2008年版，第178页。

2. 分髾髻

不论是梳高髻还是梳垂髻，汉代妇女多喜欢从发髻中留一小绺头发，下垂于颅后，名为"垂髾"，也称"分髾"，另外还装饰丝带。梳分髾髻行走时，左右晃动，上下跳跃，加之于装饰带似锦上添花，确实活泼可爱。山东菏泽豆峁堆出土的汉代女陶俑发式即为分髾髻（图2—19）。①

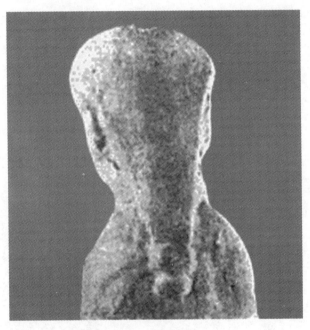

图 2—19　分髾髻（山东省菏泽豆峁堆出土的汉代女陶俑）

（二）首饰

1. 步摇

步摇乃是一种附在簪钗上的装饰物。《拜名》："步摇，上有垂珠，步则动摇也"，由此而得名。今天我们可以从山东汉代石刻中一睹其

---

① 上海市戏曲学校中国服装史研究组：《中国历代服饰》，学林出版社1984年版，第39页。

风采。

2. 巾帼

巾帼是古代妇女的一种假髻。汉代命妇在正规场合多梳剪氂帼、绀
缯帼、大手髻等发式。帼与一般意义上的假髻有所不同。一般的假髻是
在本身头发的基础上增添一些假发编成的发髻，而帼则是一种貌似发髻
的饰物，多以丝帛、氂毛等制成假发，内衬金属框架，用时只要套在头
上，再以发簪固定即可。从某种意义上说，它更像一顶帽子。如山东沂
南汉代画像石中的女子，头上戴有一个特大的发髻，发上插发簪数支，
在发髻底部近额头处，有一道明显的圆箍，当是戴巾帼的形象（图2—
20）。[1]

图2—20　戴巾帼的女子（山东省沂南汉代画像石中的女子形象）

---

① 赵超：《霓裳羽衣：古代服饰文化》，江苏古籍出版社2002年版，第88页。

第三章　魏晋南北朝时期齐鲁服饰文化

　　东汉末年，皇室衰微，中国内部分崩离析，先后出现了三国鼎立、两晋争权，周边许多游牧民族乘虚而入，中国进入了空前混乱的魏晋南北朝时期。从公元 220 年曹丕代汉，到公元 589 年隋灭陈统一全国的三百多年间，先为魏、蜀、吴三国鼎立，后有司马炎代魏建立晋朝，统一全国，史称西晋，不到四十年遂灭亡。司马睿在南方建立偏安的晋王朝，史称东晋。在北方，有几个民族相继建立了十几个国家，被称为十六国。东晋后，南方历宋、齐、梁、陈四朝，统称为南朝。与此同时，鲜卑拓跋氏的北魏统一北方，后又分裂为东魏、西魏，再分别演变为北齐、北周，统称为北朝。最后，杨坚建立隋朝，统一全国，方结束了南北分裂的局面。[①]

　　魏晋南北朝时期，一方面，战争不断，朝代更替频繁，使社会经济遭到相当程度的破坏；另一方面，战争和民族大迁徙使不同民族和不同地域的文化相互碰撞、交流，这对服饰的发展产生了积极的影响。南北朝时期的胡汉服饰文化，是按两种不同的性质和方向互相转移的。其一是属于统治阶级的封建服饰文化，魏晋时基本遵循秦汉旧制。南北朝，一些少数民族首领初建政权之后，鉴于他们的本族习俗穿着不足以炫耀其身份地位的显贵，便改穿汉族统治者所制定的华贵服装。尤其是帝王百官，更醉心于高冠博带式的汉族章服制度，最有代表性的便是北魏孝文帝的改制。其二是在实用功能方面比汉族统治者所穿的宽松肥大的服装优越的胡服，向汉族劳动者阶层传移。魏孝文帝曾命令全国人民都穿汉服，但鲜卑族的劳动百姓不习惯于汉族的

---

　　① 华梅：《中国服装史》，天津人民美术出版社 2006 年版，第 35 页。

衣着，许多人都不遵诏令，依旧穿着他们传统的民族服装。魏孝文帝在推行汉服过程中，不但未能使鲜卑服饰断其流行，反而在汉族劳动人民中间得到推广，最后连汉族上层人士也穿起了鲜卑装。究其原因，就是北方胡族服装便于活动，有较好的劳动实用功能，因而对汉族民间传统服装产生了自然传移的作用。南北朝时期这种胡汉杂居、北方游牧民族服饰与汉族传统服饰并存共融的情形，构成了中国南北朝时期服饰文化的新篇章。①

玄学作为魏晋南北朝时期的主要哲学思想体系，对当时的服饰文化产生了深远的影响，无论在着装的思想意识方面，还是服装款式的表现形式上，都有鲜明的体现。魏晋南北朝服饰一改秦汉端庄稳重之风格，追求仙风道骨的飘逸和脱俗，形成独特的褒衣博带之势。当时，褒衣博带成为上至王公贵族下至平民百姓的流行服饰，男子穿衣袒胸露臂，力求轻松、自然、随意的感觉；女子服饰则长裙曳地，大袖翩翩，饰带层层叠叠，表现出优雅、飘逸之美。

另外，佛教对魏晋南北朝服饰也产生了一定的影响。佛教自两汉传入中国后，在魏晋南北朝时期得以兴盛，对当时的服装形制和服饰纹样产生了影响，许多西域的动植物纹样出现在服装面料上，女子的面妆也受到佛教造像的影响出现了新样式。

魏晋南北朝上承秦汉，下启唐宋，但服装的整体风格却与前朝后代大相径庭。魏晋南北朝服饰一改秦汉的端庄稳重之风，也与唐代开放艳丽、雍容华贵的服饰风格不同。在动荡的社会背景下，魏晋南北朝服饰的整体色彩呈现暗淡的蓝绿调子，服饰造型瘦长，优雅飘逸。

第一节　魏晋南北朝时期齐鲁男子服饰

一　褒衣博带与魏晋风度

魏晋时期是最富个性审美意识的朝代，文人雅士纷纷毁弃礼法，行为放旷，执着于追求人的自我精神和特立独行的人格，重神理而遗形骸，表现在穿着上往往是蔑视礼教，适性逍遥、不拘礼法，率性自然，

---

① 黄能馥、陈娟娟：《中国服装史》，中国旅游出版社1995年版，第127页。

甚至袒胸露脐。同时清谈玄学在士人之间成为一种时尚，强调返璞归真，一任自然。对人的评价不仅仅限于道德品质，而纷纷转向对人的外貌服饰、精神气质的评价，他们以服饰的外在风貌表现出高妙的内在人格，从而达到内外完美的统一，形成了一种独特的风格，即著名的魏晋风度。

魏晋南北朝服装与儒学禁锢下的秦汉袍服不同，其服装变得越来越宽松，"褒衣博带"是魏晋时期的普遍服装形式，其中尤以文人雅士居多。众所周知的竹林七贤，不仅喜欢穿着此装，还以蔑视朝廷、不入仕途为潇洒超脱之举。表现在装束上，则是袒胸露臂，披发跣足，以示不拘礼法。产生上述服饰现象的主要原因是由于当时政治动荡、经济衰退，文人欲实现政治理想又怯于宦海沉浮，为寻求自我超脱和精神释放，故采取宽衣大袖、袒胸露臂的着装形式，因此形成了"褒衣博带"的服装样式。魏晋南北朝时期，齐鲁男子的服饰也呈现出"褒衣博带"的特征，山东临朐北齐崔芬墓壁画的人物形象就充分证明了这一点。

1. 大袖衫

魏晋南北朝时期，人们崇尚道教和玄学，追求仙风道骨的风度，喜欢穿宽松肥大的衣服，时称"大袖衫"。魏晋南北朝时期，齐鲁男子所穿的大袖衫与秦汉时期袍服的主要区别在于：袍有祛，即有收敛袖口的袖头，而大袖衫为宽大敞袖，没有袖口的祛。由于不受衣祛限制，魏晋南北朝时期的服装日趋宽博。一时，上至王公名士，下及黎民百姓，均以宽衣大袖为时尚。齐鲁男子的大袖衫分为单、夹两种样式，质料有纱、绢、布等，颜色多喜欢用白色，喜庆婚礼也服白，白衫不仅用作常服，也可当礼服。

在山东临朐县北朝贵族崔芬墓中，有一幅生动的《出行图》壁画，展示了北朝男女贵族的生活方式与服饰形象（图3—1）。[①] 这些男女贵族左右有婢仆搀扶手臂，后面有人为之提牵长大衣裙，周围侍从如云，显然是在实践南北朝士族上层阶级"出则车舆，入则扶持"、"从容出入，望若神仙"的生活方式。南北朝贵族士大夫"衣

---

① 孙秉明：《北齐崔芬壁画墓》，文物出版社2002年版，第41页。

裳博大"、"褒衣博带"的服饰风格在这里得到了最充分的体现。壁画中男女贵族皆着襦裙衣式。大袖衫的喇叭式大袖的袖拖之长近乎垂地,裙裾则长曳于后,由婢侍牵提而行,甚至婢侍们也皆取大袖长裾的衣式。北朝贵族悟到了衣裳愈为长大,便愈具有权威性和尊贵性的真谛。①

图 3—1 山东省临朐县北朝贵族崔芬墓壁画《出行图》局部

魏晋南北朝时期,除大袖衫以外,齐鲁地区一般男子常穿的衣服还有襦、褶、袴和裙等。当时的裙子较为宽广,下长曳地,可穿于内,也可穿于衫襦之外,腰以丝带系扎。

2. 襦

襦是比袍、禅衣都短的上衣。齐鲁地区男子穿襦常与裤相配,且不分贵贱长幼均可穿着。

3. 褶

褶,是一种窄袖外衣,由于其袖筒平直,形同直通的水沟,所以称褶。因为袖筒窄小,穿着起来便于活动,所以南北朝时期,褶多用于仪卫和武官,但不能当作朝礼服,只可作为一般礼服。

---

① 孟晖:《中原历代女子服饰史稿》,作家出版社 1995 年版,第 73 页。

二 冠、巾、帽

1. 漆纱笼冠

　　漆纱笼冠是魏晋南北朝时期极具特色的主要流行冠式，不分男女皆可戴用。因为它是使用黑漆细纱制成的，所以得名"漆纱笼冠"。漆纱笼冠的特点是平顶，两侧有耳垂下，下边用丝带系结。制作方法是在小冠上罩经纬稀疏而轻薄的黑色丝纱，上涂黑漆，使之高高立起，里面的小冠隐约可见。山东临朐北齐崔芬墓壁画中即有戴漆纱笼冠的官员（图3—2）。①

图3—2　南北朝时期山东临朐崔芬墓壁画人物所戴的漆纱笼冠

---

　　①　孙秉明：《北齐崔芬壁画墓》，文物出版社2002年版，第26页。

2. 小冠

汉代的帻在魏晋时期依然流行，但与汉代不同的是帻后加高，体积逐渐缩小至头顶，时称"平上帻"或"小冠"。小冠造型前低后高，中空如桥，不分等级皆可戴用。在小冠之上加黑色漆纱，即成"漆纱笼冠"。济南东八里洼北朝墓葬出土的男侍俑所戴即为小冠（图3—3）。[①]

图3—3　山东省济南东八里洼北朝墓葬出土的男侍俑所戴的小冠

---

① 谢治秀：《辉煌三十年　山东考古成就巡礼》，科学出版社2008年版，第241页。

3. 进贤冠

进贤冠，在魏晋南北朝时期同样被广泛应用，主要作为文官的礼冠。与汉代的进贤冠不同的是，自晋代开始，将表示官阶的冠梁增加到了五梁，作为天子行冠礼时的礼冠。另外，冠的后部原本为分置的两"耳"，有加高合拢的趋势。

4. 幅巾

幅巾，即不戴冠帽，只以一块丝帛束首。幅巾始于东汉后期，一直延续到魏晋，普遍流行于士庶之间。山东济南魏晋南北朝时期道贵墓壁画中的人物所戴即为幅巾（图3—4）。①

图3—4　山东省济南魏晋南北朝时期道贵墓壁画中的人物所戴的幅巾

① 中国美术全集编辑委员会：《中国美术全集　绘画编12》，文物出版社1989年版，第63页。

5. 帽子

帽子是南朝以后大为兴起的首服，主要有白纱高屋帽（宴见朝会）、黑帽（仪卫所戴）和大帽（遮阳挡风）等。

三　男子的履、屐、靴

魏晋南北朝时期，是多民族服饰展示的时期，履、屐、靴等足衣根据各民族、各国所处的地理位置和生活习俗的不同而各有特色。

1. 履

这一时期的履，在沿用汉代履制的基础上，又有一些新样式出现，无论男女、君臣，多穿用各类高头履，具体形制见山东临朐北齐崔芬墓壁画出行图中的人物形象。

2. 靴

靴，原为北方游牧民族所穿，在南北朝时期成为流行的足衣，因为靴子具有勒长合脚的优点，自西汉以来，一直被齐鲁地区的汉族军人穿用。

第二节　魏晋南北朝时期齐鲁女子服饰

一　奢靡异常的女装

魏晋南北朝时期，两汉经学崩溃，个性解放，玄学盛行。"不如饮美酒，被服纨与素"，人们讲究风度气韵，"翩若惊鸿，矫若游龙"，服装轻薄飘逸。魏晋南北朝时期的齐鲁女装承袭秦汉遗风，在传统服制的基础上加以改进，并吸收借鉴了少数民族服饰特色，创造了奢靡异常的女装风貌。服饰整体风格分为窄瘦与宽博两种倾向，或为上俭下丰的窄瘦式，或为褒衣博带的宽博式。一般妇女日常所服的主要样式有：襦、裙、衫、袄等。

1. 襦裙

宽博式襦裙装：魏晋南北朝时期，齐鲁女子的襦裙装在承袭秦汉服制的基础上，也发生了较大的变化。上衣逐渐变短，衣身变得细瘦，紧贴身体；上衣领形分斜襟和对襟两种，开始袒露小部分颈部和胸部；衣袖变得又细又窄，但在小臂部突然变宽；在袖口、衣襟、下摆等处装饰不同色彩的缘边；腰间系一围裳或抱腰，外束丝带。下装裙子也在有限的范围内极力创新，大展魅力，与魏晋女性柔美的形象相得益彰。有的裙子下摆加长，拖曳在地；有的裙子裙腰升高，裙幅增加，还增加许多褶裥，整个裙子造型呈上细下宽的喇叭形，这种上俭下丰的样式增加了视觉高度，给人瘦瘦长长之美感。关于魏晋南北朝时期齐鲁女子的襦裙装形象，如北齐崔芬墓壁画所示，硬挺的领边耸立在赤露的肩头，然后下沿相交合于胸前，形成合领或交领，仿佛意在以此衬映女性胸、肩的柔美，观之令人不禁联想到当今的西式女晚礼服。崔芬墓女服中呈现的新倾向并不止于袒胸领式一点，它还显示出喜爱纤腰与纤长身材、喜爱流线型简洁外形的特点（图 3—5）。[1]

图 3—5 山东省临朐县北朝贵族崔芬墓壁画人物所穿的襦裙

窄瘦式襦裙装：魏晋南北朝时期，齐鲁女子除了穿宽博式襦裙装外，还穿一种窄瘦式襦裙装，此款服装吸收了少数民族服饰特色，襦非常短小，仅及腰部，衣身窄瘦合体，衣袖窄瘦盖过手，对襟，下穿窄瘦长裙，裙腰升高至腋下并用带子系扎，这种样式的襦裙装增加了视觉高度，给人纤细之美感。山东临淄崔氏墓群东魏女陶俑的服饰形象即是这种窄瘦式襦裙（图 3—6）。[2]

① 孙秉明：《北齐崔芬壁画墓》，文物出版社 2002 年版，第 41 页。
② 山东省文物考古研究所：《山东二十世纪的考古发现和研究》，科学出版社 2005 年版，第 520 页。

2. 衫裙

这时期的齐鲁妇女服饰和男子服饰一样，大抵继承秦汉遗俗，有衫、袄、襦、裙之制，样式以宽博为主，衣衫以对襟为多，长度至臀围线，领、袖均缘边，袖口缀有一块不同颜色的贴袖，下着条纹间色裙，腰用帛带系扎。济南东八里洼北朝墓葬出土的女侍俑即是穿着此种衫裙（图3—7）。①

图3—6　山东临淄崔氏墓群东魏　　　图3—7　山东省济南东八里洼北朝
　　　女陶俑的窄瘦式襦裙装　　　　　　　墓葬出土的女侍俑所穿的衫裙

① 谢治秀：《辉煌三十年　山东考古成就巡礼》，科学出版社2008年版，第243页。

3. 帔帛

帔帛始于晋代，盛行于唐代，对后世服饰也产生了一定的影响。帔帛形似围巾，披之肩臂，然后自然下垂。魏晋时期，流行轻薄的服装，不能很好地御寒，于是，人们发明了"帔子"，出门时披在肩臂，用来挡风保暖。后来，人们发现帔帛披在肩上随风飞舞，煞是动人，便将其加长，成为一种装饰物。后世的披肩霞帔和披肩即由帔帛发展而来。山东临淄崔氏墓群东魏女陶俑的服饰形象中便有长长的帔帛（图3—8）。①

图3—8　山东省临淄崔氏墓群东魏女陶俑形象中的帔帛

---

①　山东省文物考古研究所：《山东二十世纪的考古发现和研究》，科学出版社2005年版，第520页。

二　女子的履、靴

1. 履

魏晋南北朝时期，女鞋的式样很多，使用的质料也非常丰富，有皮质、丝质、麻质等不同质料；鞋头的样式有凤头、聚云、五朵、重台、笏头、鸠头等高头式，因此得名凤头履、笏头履、鸠头履、玉华飞头履、立凤履等。这些鞋头非常有特色，露在裙子外面，既可以防止衣裙挡脚，又可以作为装饰，可谓匠心独运。山东临朐北朝时期崔芬墓壁画人物所穿履即为高头式样。

2. 靴

魏晋南北朝时期，齐鲁妇女不仅可以穿履，还流行穿靴。

第三节　魏晋南北朝时期传入齐鲁
地区的北方民族服饰

魏晋南北朝时期，虽然齐鲁汉族居民仍长期保留着自己的衣冠习俗，但是，随着民族间的交流与融合，胡服的式样也逐渐融入齐鲁汉族传统衣装中，从而形成了新的服装风貌。

一　首服

北方的少数民族不像汉族那样将头发束成发髻，他们或者将头发编成辫子，或者披散头发，或者将部分头发剪掉。因此，他们根本就不使用冠、簪等用品，也就没有汉族最为重视的冠冕制度。他们习惯于在头上戴各种帽子，据文献记载，当时有"金缕合欢帽"、"突骑帽"、"面帽"等多种帽式。

突骑帽，为西域地区传进的帽式，类似后来的风帽。原来可能是武士骑兵之服，李贤注曰："突骑，言能冲突军阵"，后来突骑帽普及民间。突骑帽的圆形顶部较合欢帽略低，加上垂下的裙披，戴时多用布条系扎顶部发髻。在济南东八里洼墓葬出土的陶俑中，有这种帽的样式

（图3—9）。①

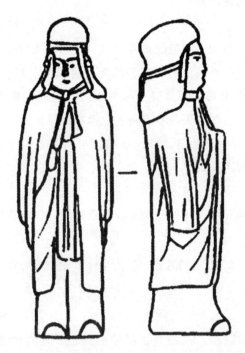

图3—9　山东省济南东八里洼墓葬出土的陶俑所戴的突骑帽

二　主要服装样式

1. 裤褶

裤褶，原是北方游牧民族的传统服装，其基本款式为上穿短身、细袖、左衽之袍，下身穿窄口裤，腰间束革带。《急就篇》颜师古注"褶"字曰："褶，重衣之最在上者也，其形若袍，短身而广袖。一曰左衽之袍也。"褶作为北方少数民族服饰，与汉族传统服饰的宽袍大袖有所不同，其典型特点即是短身、左衽，衣袖相对较窄。在长期的民族大融合中，齐鲁地区汉族人民接受了褶并做了一些创新，把原本细窄的衣袖改为宽松肥大的袖子，衣襟也改为右衽。因此，今天我们从魏晋南北朝时期齐鲁地区出土的考古资料中看到了丰富多彩的服

① 山东省文物考古研究所：《山东二十世纪的考古发现和研究》，科学出版社2005年版，第527页。

装结构：褶既有左衽，也有右衽，还有相当多的对襟；袖子有短小窄瘦的，也有宽松肥大的；衣身有短小紧窄的，也有宽博的；上衣的下摆有整齐划一的，也有正前方两个衣角错开呈燕尾状的，等等。这些衣衽忽左忽右，袖子、衣身忽肥忽瘦、忽长忽短的服饰现象，表明了在当时民族大融合的背景下，齐鲁服饰的互渗、交流现象。

　　裤褶的下装是合裆裤，这种裤装最初是很合身的，细细的，行动起来相当利落，适合骑马奔驰和从事劳动。传到齐鲁地区以后，引起了保守派的质疑，认为这样两条细裤管不合体统，与古来礼服的上衣下裳样式实在是相去甚远。因此，有人想出一个折中的办法，将裤管加肥，这样站立时宛如裙裳，待抬腿走路时，仍是便利的裤子。可是，裤管太肥大，有碍军阵急事。于是，便将裤管轻轻提起然后用三尺长的锦带系在膝下将裤管缚住，于是又派生了一种新式服装——缚裤。魏晋南北朝时期，齐鲁汉族上层社会男女也穿裤褶，脚踏长靿靴或短靿靴。这种形式，反过来又影响了北方的服装样式。济南东八里洼北朝墓葬出土的男侍俑清一色穿着裤褶服（图3—10）。[①]

图3—10　山东省济南东八里洼北朝墓葬出土的男侍俑所穿的裤褶

① 谢治秀：《辉煌三十年　山东考古成就巡礼》，科学出版社2008年版，第241页。

2. 裲裆

裲裆也是北方少数民族的服装，起初是由军戎服中的裲裆甲演变而来。这种衣服不用衣袖，只有两片衣襟，《释名·释衣服》称："裲裆，其一当胸，其一当背也。"裲裆可保身躯温度，而不使衣袖增加厚度，以使手臂行动方便。裲裆有单、夹、皮、棉等区别，为男女都用的服式。既可着于衣内，也可着于衣外，《玉台新咏·吴歌》："新衫绣裲裆，连置罗裙里。"① 描写的是妇女在里面穿裲裆；《晋书·舆服志》："元康末，妇人衣裲裆，加于交领之上。"② 描写的是把裲裆穿在交领衣衫之外。这种服式一直沿用至今，南方称马甲，北方称背心或坎肩。济南东八里洼墓葬中的陶俑中即有穿裲裆的服饰形象（图3—11）。③

图3—11　山东省济南东八里洼墓葬中的陶俑所穿的裲裆

① 萧涤非：《汉魏六朝乐府文学史》，人民文学出版社1984年版，第215页。

② （清）史梦兰：《全史宫词》，大众文艺出版社1999年版，第114页。

③ 山东省文物考古研究所：《山东二十世纪的考古发现和研究》，科学出版社2005年版，第527页。

3. 半袖衫

半袖衫是一种短袖式的衣衫。《晋书·五行志》记载，魏明帝曾着绣帽，披缥纨半袖衫与臣属相见。由于半袖衫多用缥（浅青色），与汉族传统章服制度中的礼服相违，曾被斥之为"服妖"。后来风俗变化到隋朝时，内官多服半臂。在山东的考古发现中也有穿着半袖衫的人物形象。

4. 披风

披风与后代的斗篷相似，多为一件长方形织物，上面用带子收紧，系在颈部。披风很长，一般从肩头至脚踝。披风是很好的遮风蔽土的外罩。另外，从出土实物中发现也有带袖子的披风。披风在南北朝及以后的平民服装中也很常见，无论男女皆可穿着。济南东八里洼墓葬中的陶俑服饰形象中有披风样式。

裤褶、裲裆、半袖衫和披风等服装都是从北方游牧民族传入齐鲁地区的异族文化，由于它们具有功能的优越性而为汉族人民所吸收，从而使齐鲁汉族传统的服饰文化更加丰富。

第四节　魏晋南北朝时期齐鲁地区的军事服装

由于战事连年不断，篡夺政权的斗争此起彼伏，人们对武器装备更加重视。加上炼铁技术的提高，钢开始用于武器，这一时期的甲胄也有很大发展进步。魏晋南北朝时期，齐鲁地区铠甲的形制主要有两种：

一种是裲裆铠，这是南北朝时期通行的戎装，它的形制与当时流行的裲裆相近。所用材料，大多为坚硬的金属和皮革。锁甲的甲片有长条形与鱼鳞形两种，以鱼鳞形较为常见。穿这种甲的人，一般里面都衬有厚实的裲裆衫，头戴兜鍪，身着裤褶。山东临淄崔氏墓群出土武士陶俑的铠甲即为裲裆铠（图3—12）。[1]

---

① 山东省文物考古研究所：《山东二十世纪的考古发现和研究》，科学出版社 2005 年版，第 520 页。

图3—12 山东省临淄崔氏墓群出土武士陶俑所穿的裲裆铠

　　二是明光铠，这是一种在胸背之处装有金属圆护的铠甲。圆护大多用铜铁等金属制成，并且打磨得很亮，就像镜子。穿着它在太阳光下作战，会反射出耀眼的"明光"，故而得名"明光铠"。这种铠甲的样式很多，繁简不一。有的仅是在裲裆的基础上前后各加两块圆护，有的则配有护肩、护膝，复杂的还配有数重护肩。身甲大都长至臀部，腰间系有革带。山东济南市东八里洼北齐壁画墓出土的彩绘武士俑所穿铠甲即为明光铠（图3—13）。①这件彩绘武士俑为我国北齐时代的随葬明器，是专门用于随葬的镇墓武士。通高41厘米，为泥质灰陶，经模制烧制而成，其烧制火候较高，质地坚硬。这件武士俑的造型为立姿，双

---

① 谢治秀：《辉煌三十年　山东考古成就巡礼》，科学出版社2008年版，第243页。

目深凹，高鼻梁，颌上面绘有黑色络腮胡须，头戴护耳盔，身穿褶裤服，外披鱼鳞甲，前胸及后背各置有两块圆形铠甲，脖领部围有网纹护颈，腰间系宽带，足蹬薄底靴，左手按住高于胸部的兽面纹盾牌，右手下垂作持物状，手心中空，原来手中可能握有某种木质模型兵器，武士俑立于方形底座上，通体及盾牌上面分别施赭石、大红、粉红、深绿、白、黑等彩绘。这件武士俑的形体造型勇猛威严，人体比例适当、优美。彩绘陶俑是古代人在烧制好的陶俑上面，根据其陶俑的造型特点，用各种颜色，描绘出其突出部位，使其显得更加形象逼真。古代富有人家在生前过着豪华的生活，并使用大批的门卫武士为他们日夜守护站岗，他们梦想死后到了地下另一个世界，还要继续享用生前那种荣华富贵的生活。因此，他们就把生前所使用的门卫武士，制作成模型，随葬其墓中，让这些门卫武士，在另一个世界里继续为他们服务，时刻守护在墓主人的身旁。① 正是这些墓葬陶俑，为我们全面深入了解魏晋南北朝时期的服装样式提供了宝贵的资料。

图3—13　山东省济南东八里洼北齐壁墓出土的武士俑所穿的明光铠

① 邵云等：《陶瓷》，山东友谊出版社2002年版，第150页。

第四章　隋唐时期齐鲁服饰文化

隋唐是我国历史上的鼎盛时期，社会经济空前繁荣，文化艺术昌盛发达。隋统一后，齐鲁地区行政区划上分属于青、徐、兖、豫四州。唐贞观初，又归属河南、河北二道。统一之后，齐鲁地区的政治、经济、文化都有了较大的发展。但由于种种原因，齐鲁地区隋唐时期的遗迹、遗物目前发现得较少。

第一节　隋代齐鲁服饰

在近300年的分裂以后，隋王朝统一了南北大地，虽然隋代国祚短暂，但是它在统一大业上作出的贡献是不可低估的。从出土文物来看，隋代的服装基本上仍保持着北朝的式样，是承前启后的一个时期。

一　隋代齐鲁女子服饰

短襦长裙是隋代齐鲁女服的基本样式，最突出的特点是裙腰系得很高，一般都将裙子系到胸部以上，给人一种俏丽修长的感觉。侍从婢女及乐伎常穿小袖衣衫，高腰长裙带，肩披帔帛，头梳双丫髻。隋代齐鲁贵族妇女流行一种窄衣窄袖、下着裥裙、足穿软履的服装样式（图4—1）。[1]

---

① 蒋文光：《中国历代名画鉴赏（上山）》，金盾出版社2004年版，第437页。

图 4—1 穿短襦长裙的隋代女子（山东省嘉祥英山隋代徐敏行夫妇墓壁画人物）

二 隋代齐鲁男子服饰

隋代齐鲁男子常服大多为衣袖窄小的圆领袍服，腰束革带，足穿软靴。仕宦之家的伎乐、役仆等也多穿这种窄袖圆领袍衫。这种服式一直沿袭至唐朝，成为男子主要的常服。而劳动人民地位卑下，为便于操作，则经常穿着短衣短裤（图 4—2）。①

---

① 邵彦：《中国绘画的历史与审美鉴赏》，中国人民大学出版社 2000 年版，第 96 页。

图4—2 隋代男子的圆领袍（山东省嘉祥英山隋代徐敏行夫妇墓壁画人物）

第二节 唐代齐鲁服饰

一 唐代齐鲁男子服饰

（一）圆领袍衫

圆领袍衫，又称"团领袍衫"，属上衣下裳连属的深衣制，一般为圆领、右衽，领、袖及衣襟处有缘边，前后衣襟下缘各接横襕，以示下裳之意。衣长至足踝或及地；袖有宽窄之分，多随时尚而变异，有单、夹之别。穿圆领袍衫时，头戴幞头，足蹬长靿皂革靴，腰束革带，这套服式一直延至宋明。由于圆领袍衫简单、随意，同时还包含了对上衣下裳祖制继承的含义，不失古礼，在当时深受欢迎，百官士庶咸同一式。

（二）幞头

幞头，又名"软裹"，是一种用黑色纱罗制成的软胎帽。相传始于北齐，始名帕头，至唐始称幞头。初以纱罗为之，至唐代，因其软而不挺，乃用桐木片、藤草、皮革等在幞头内衬以巾子（一种薄而硬的帽子坯架），保证裹出固定的幞头外形。裹幞头时，除了在额前打两个结外，又在脑后扎成两脚，自然下垂。后来，取消前面的结，又用铜、铁丝为干，将软脚撑起，成为硬脚。幞头由一块民间的包头布演变成衬有固定的帽身骨架、展角造型完美的乌纱帽，前后经历了上千年的历史，直到明末清初才被满式冠帽所取代。

二　唐代齐鲁女子服饰

唐代是中国封建社会的极盛期，经济繁荣，文化发达，对外交往频繁，世风开放，加之域外少数民族风气的影响，唐代妇女所受束缚较少。在这独有的时代环境和社会氛围下，唐代妇女服饰，以其众多的款式，艳丽的色调，创新的装饰手法，典雅华美的风格，成为唐文化的重要标志之一。在唐代三百多年的历史中，最流行的有"襦裙服"和"女着胡服"。

（一）襦裙服

唐代齐鲁女子的襦裙服主要是指由裙、襦、衫、半臂、帔帛等搭配而成的服装样式。

初唐的齐鲁女子服装，大多是上穿窄袖衫或襦，下着长裙，腰系长带，肩披帔帛，足着高头鞋，这是该时期女子服装主要时尚样式。窄袖的襦、衫，身长仅及腰部或及脐，领子造型比较丰富，应用较普遍的有圆领、斜领、翻领，还有多种异形领。领口开得既大又低，使胸部直接袒露于外，十分自由开放。下面所穿的瘦长的裙子往往拖地，裙腰高及胸上或乳部，有时还在窄袖衫外罩穿一件半袖短衫，称"半臂"。这种风格的襦裙装给人的视觉印象是修长动人、衣着轻盈俏丽，再加之帔帛相配，使初唐女子服饰形成了一种轻盈飘逸、仙来神往的风格。

半臂是襦裙服的重要组成部分，半臂，又称"半袖"，是一种从短襦脱胎出来的服式，因其袖长介于长袖与裲裆之间，故名半臂。一般为对襟，衣长与腰齐，并在胸前结带。样式还有套衫式的，穿时由头套穿。半臂下摆，可显现在外，也可以像短襦那样束在裙腰里面。

（二）女着胡服

除了上述服装外，"女着胡服"也是唐代齐鲁妇女的流行时尚。胡服的特征是翻领、窄袖、对襟，在衣服的领、袖、襟、缘等部位，一般多缀有一道宽阔的锦边。唐代妇女所着的胡服，包括西域胡人装束及中亚、南亚异国服饰，与当时胡舞、胡乐、胡戏（杂技）、胡服的传入有关。当时，胡舞成为人们日常生活中的主要娱乐方式。由于对胡舞的崇尚，民间妇女以胡服、胡帽为美，于是形成了"女为胡妇学胡妆"的风气（图4—3）。①

图4—3　女着胡服（山东博物馆收藏的唐代石雕女骑俑）

（三）发式

中国妇女自古以来就讲究发髻的变化，唐代齐鲁女子的发髻更是名目繁多，丰富多彩，主要有高髻、低髻、小髻、侧髻、偏髻、飞髻等。唐代齐鲁妇女发型的特点是竞尚高大，喜欢利用假发进行装饰。

---

①　王之厚：《唐代石雕女骑俑》，《山东画报》1988年第9期。

第五章　宋金时期齐鲁服饰文化

公元 960 年，后周大将赵匡胤在陈桥发动兵变，黄袍加身，率军队回到首都开封夺取政权，建立了宋王朝。宋太祖在陈桥兵变中获得政权后，只考虑到赵家政权的得失，利用杯酒释去众将手中的兵权。当辽、金、西夏等游牧民族武力入侵的时候，无力与之抗衡，只得大量攫取民间财物向异族统治者称臣纳贡，换取暂时的和平，最后偏安江南，继而被蒙古统治者灭亡。在危急时刻，宋朝统治阶级不是采取修明政治变革图强的政策，而是强化思想控制，进一步从精神上奴化人民。在这种背景下，出现了程朱理学和以维护封建道统为目的的聂崇义《三礼图》。宋代的整个社会文化趋于保守，"偃武修文"的基本国策，使"程朱理学"占统治地位，主张"言理而不言情"。在这种思想的支配下，人们的美学观念也发生了变化，整个社会舆论主张服饰不应过分豪华，而应崇尚简朴，尤其是妇女的服饰，更不应该奢华。朝廷也曾三令五申，多次申明服饰要"务从简朴，不得奢侈"，从而使宋代服装具有质朴、理性、高雅、清淡之美。

第一节　宋金时期齐鲁男子服饰

一　宋金时期齐鲁男子的朝服

宋代齐鲁官员的朝服由绯色罗袍裙、衬以白花罗中单，束以大带，再以革带系绯罗蔽膝，方心曲领，白绫袜黑皮履。六品以上官员挂玉剑、玉佩。另在腰旁挂锦绶，用不同的花纹作为官品的区别。着朝服时戴进贤冠（图 5—1）。[①]

---

① 谢治秀：《辉煌三十年　山东考古成就巡礼》，科学出版社 2008 年版，第 213 页。

图5—1　齐鲁官员朝服（北宋山东省泰山灵岩寺辟支塔塔基浮雕）

进贤冠用漆布做成，冠额上有镂金涂银的额花，冠后有"纳言"，用罗为冠缨垂而于额下结之。用玳瑁、犀或角做的簪导横贯于冠中，即用簪子穿过发髻中由另一头的冠孔中穿出，使牢固之。冠上有银地涂金的冠梁，宋初分五梁、三梁、二梁；至元丰及政和后分为七梁、六梁、五梁、四梁、三梁、二梁。其中第一等是在七梁冠上加貂蝉笼巾，第二等不加貂蝉笼巾，这样就分成了七等。各等冠各按其梁数依次降差，依职官大小而戴之。进贤冠的梁，即是在冠上并排直贯于顶上的金或金涂银和铜做成的，排的多寡即是梁的数目。

方心曲领：宋代以前，官员穿着朝服，只在里面衬一个圆形护领，从宋代开始，凡穿朝服，项间必套一个上圆下方，形似璎珞锁片的饰物。这个饰物，被称作"方心曲领"，实际在功能上用以防止衣领臃起，起压贴的作用。

二　宋金时期齐鲁男子一般服饰

1. 襕衫

襕衫，又称"襕袍"，为圆领、大袖，长度过膝，下施横襕以示上衣下裳之旧制。《宋史·舆服志》记载："襕衫以白细布为之，圆领大袖，下施横襕为裳，腰间有襞积，进士及国子生、州县生服之。"襕衫初见于唐代，流行于宋代。《玉海》云："品官绿袍，举子白襕"，即指有襕的白襕衫，宋代有人描写举子为"头乌身上白"，形容其像头黑身白的米虫，山东省曲阜杨家院出土的彩瓷俑即是穿襕衫（图5—2）。①

图5—2　齐鲁男子的襕衫（山东省曲阜杨家院出土的彩瓷俑）

---

①　山东省博物馆：《山东省博物馆藏品选》，山东友谊出版社1991年版，第104页。

图5—3　宋金齐鲁男子的幅巾
（山东省临淄宋金墓壁画人物形象）

2. 紫衫

紫衫，以颜色深紫而得名，其式样为圆领、窄袖，前后缺胯（下摆开衩），形制短且窄，便于活动和行走，是将士们常穿之服，便于作战。南宋初期，宋金对峙，形势紧张，战争随时可能发生，出于备战的需要，南宋士大夫穿紫衫。

3. 直裰

直裰是宋代男子的常用服式，对襟大袖，后背中缝直通到底，也有说长衣而无襕者称直裰，亦称直身，宋代僧寺行者也穿这种式样的服装。

4. 幅巾

由于幞头变成帽子，并成为文武百官规定的服饰，黎民百姓不得服用。一般文儒士人，又恢复了古代的幅巾制度，都以裹巾为雅。到了南宋，戴巾子的风气更加普遍，就连朝廷的高级将官，也以包裹巾帛为尚，山东省临淄宋金墓壁画人物中就有戴幅巾者（图5—3）。①

第二节　宋金时期齐鲁女子服饰

一　宋金时期齐鲁命妇服饰

宋代齐鲁命妇的服饰依据男子的官服而厘分等级，有礼衣和常服之分。命妇的礼衣包括袆衣、褕翟、鞠衣、朱衣和钿钗。宋徽宗政和年间（1111—1117）规定命妇首饰为花钗冠，冠有两博鬓加宝钿饰，服翟

---

①　许淑珍：《山东淄博市临淄宋金壁画墓》，《华夏考古》2003年第1期。

衣，青罗绣为翟，编次之于衣裳。翟衣内衬素纱中单，黼领，朱褾
（袖）、襈（衣缘），通用罗縠，蔽膝同裳色，以缏（深红光青色）为
缘加绣纹重翟。大带、革带、青袜舄，加佩绶，受册、从蚕典礼时服
之。命妇的常服为真红大袖衣，以红生色花（即写生形的花）罗为领，
红罗长裙。红霞帔，药玉（即玻璃料器）为坠子。红罗背子，黄、红
纱衫，白纱裆裤，服黄色裙，粉红色纱短衫。

二　宋金时期齐鲁女子一般服饰

（一）衣裳

宋代齐鲁妇女的衣裳主要有背子、襦、袄、衫、半臂、背心、抹
胸、裹肚、帔帛、围腰、裙、裤等形制。

1. 背子（褙子）

宋代齐鲁女子服饰中，最具时代特色和代表性的是背子。背子是宋
时最常见、最多用的女子服饰，贵贱均可服之，而且男子也有服用的，
构成了极为普遍的时代风格。背子的形制大多是对襟，对襟处不加扣
系；长度一般过膝，袖口与衣服各片的边都有缘边，衣的下摆十分窄
细；不同于以往的衫、袍，背子的两侧开高衩，行走时随身飘动任其露
出内衣，十分动人。穿着背子后的外形一改以往的八字形，下身极为瘦
小，甚至成楔子形，使宋代女子显得细小瘦弱，独具风格，这与宋时的
审美意识密切相连。宋代是中国妇女史的一个转折点，其服饰也明显地
带有变化。唐代女子以脸圆体丰为美，衣着随意潇洒，出门可以穿男
装、骑骏马。宋时的妇女受封建礼教的束缚甚于以往各代，较之唐代要
封闭得多，不能出门，不能参与社交，受到男子的绝对控制，成为男子
的附属品。所以当时女子以瘦小、病态、弱不禁风为美。背子穿着后的
体态，正好反映了这一审美观，再加之高髻、小而溜的肩、细腰、窄下
身、小脚，形成了十分细长、上大下小的外形，更加重了瘦弱的感觉，
有非男子加以协助不能自立之感，正迎合大男子的心理满足，山东省临
淄宋金墓壁画人物中就有穿褙子的女子形象（图5—4）。①

---

① 许淑珍：《山东淄博市临淄宋金壁画墓》，《华夏考古》2003 年第 1 期。

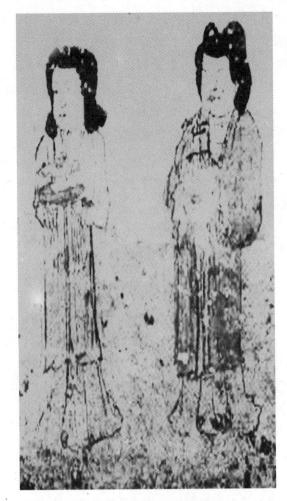

图5—4   宋金齐鲁女子的背子（山东省临淄宋金墓壁画人物形象）

2. 襦、袄

襦是战国时期产生的一种短衣，最初作为内衣穿用，以后由于其式样紧小，便于做事，而被穿着在外，至唐代，一度成为妇女的主要服饰。宋代沿袭了这一服饰，但一般为下层妇女所着，一些贵族妇女大多作为内衣穿着，外面再加其他服饰。襦早期多系于裙腰内，此时已由内转外，不系于裙腰之中，犹如今日朝鲜族妇女的短上衣。袄与襦相似，多内加棉絮或衬以里子，有宽袖与窄袖之分，有对襟与大襟之别，一般比襦长，为宋代齐鲁女子的日常服式。

3. 衫

衫为宋代齐鲁女子的一般性服装，以夏季穿着为主，单层，无袖头，长度不一致，质以纱罗。宋诗中："薄罗衫子薄罗裙"、"藕丝衫未成"、"轻衫罩体香罗碧"、"轻衫浅粉红"、"衫轻不碍琼肤白"等，都是对衫子的薄轻及色的浅淡之描绘（图5—5）。①

图5—5　宋金齐鲁女子的衫子（山东省临淄宋金墓壁画人物形象）

---

① 许淑珍：《山东淄博市临淄宋金壁画墓》，《华夏考古》2003年第1期。

图5—6 宋代齐鲁女子的裙（山东省
曲阜杨家院出土的彩瓷女俑）

4. 半臂、背心

半臂为半袖短上衣，宋代女子的半臂与背心相似，衣身较之背心略短，一般为对襟，男女均穿，男子穿于内，女子穿于外。半臂缺袖即为背心，据说是由裲裆发展演变而来，但是与裲裆在肩部加襻的结构不同。也是男女均穿，一般为对襟，衣长及腰部，下摆开衩。

5. 裙

宋代妇女下裳多穿裙，裙有两种，一种称裙，另一种称作衬裙。其样式基本保留晚唐五代遗制，有"石榴裙"、"双蝶裙"、"绣罗裙"等，其名称屡见于宋人诗文。贵族妇女，还有用郁金香草染在裙上，穿着行走，阵阵飘香。裙的颜色，通常比上衣鲜艳，多用青、碧、绿、蓝、白及杏黄等颜色。裙幅以多为尚，通常在六幅以上，中施细裥，"多如眉皱"，称"百迭"、"千褶"，这种裙式是后世百褶裙的前身（图5—6）。[①]

6. 裤

宋代齐鲁妇女除了穿裙子之外，还穿裤。唐五代以前，多把裤子穿在袍、裙以内，至宋代，也可以穿在外面，裤的形制有两种：穿在袍、裙以内的，用开裆；直接穿在外面的，用合裆（也称为满裆裤）。这种裤子的

---

① 山东省博物馆：《山东省博物馆藏品选》，山东友谊出版社1991年版，第110页。

形制，从泰安宋代石刻《捶丸图》可以看到（图5—7）。①

图5—7　山东省泰安市宋代石刻《捶丸图》中穿裤子的儿童

（二）发式

宋代齐鲁妇女发式，承晚唐五代遗风，以高髻为尚。临淄宋金时期壁画墓中的女子即为高髻。这种高髻大多掺有假发，有的直接用假发编成各种形状的假髻，用时套在头上，时称"特髻冠子"，或者称为"假髻"。除此以外，妇女发髻的样式，还有许多变化，常见的就有"芭蕉"、"龙蕊"、"盘龙"、"双环"等（图5—8②、图5—9③）。

---

①　胡志鹏：《泰山大观》，齐鲁书社2006年版，第176页。

②　许淑珍：《山东淄博市临淄宋金壁画墓》，《华夏考古》2003年第1期。

③　同上。

图5—8 宋金齐鲁女子的高髻（山东省临淄宋金墓壁画人物形象）

图5—9 宋金齐鲁女子的发髻（山东省临淄宋金墓壁画人物形象）

（三）足服

缠足，兴起于五代，在宋代得以发展并影响了以后各代，直至民国初期。缠足在宋代的兴起不是偶然的，理学的兴盛，孔教的森严，视女子出大门为不守妇道，所以小脚正好合适。缠足后，由于脚部很小，走路时必须加大上身相应的摆动以求得平衡，这使女子更加婀娜多姿。同时，由于缠足，女子在站立，尤其是行走时就显得更加弱不禁风，正好适合当时男子对女子的审美要求。所以，缠足这一影响人的正常发育、损害人的正常功能的陋习，在当时社会的中上层妇女中盛行，而乡村的妇女大多还是天然的大足。由于缠足，宋时齐鲁女子穿靴的已不多见，而小脚此时穿的多为绣鞋、锦鞋、缎鞋、凤鞋、金镂鞋等，而且鞋成了妇女服饰装饰的重点，以显示其秀弱的小脚，因此鞋上带有各式美丽的图案。古代诗文小说中所称的"三寸金莲"，就是指这种鞋子。不缠足的妇女（劳动妇女）俗称"粗脚"，她们所穿的鞋子，一般制成圆头、平头和翘头等式样，鞋面同样绣有各种花鸟图纹。

第六章　元代齐鲁服饰文化

元代齐鲁地区的汉族服饰基本沿袭了宋代的服饰风格，山东省元代的考古资料中主要有梁冠、袷袍、绵绔、绣花鞋、女裙等服饰。

一　平金七梁冠

山东曲阜孔府收藏有一顶元代的平金七梁冠，冠高 21 厘米，筒径 17 厘米，细竹篾编织帽胎，里、面附以黑纱；帽口缘以黑纱宽边，外沿金边，其上镶起伏的金云饰，帽顶凸出七道金梁，后有立起的云翅。

元代蒙古人入主中原后，除了仍保持其民族固有的衣冠形制外，也采用了汉族的朝祭服饰。百官朝服冠饰，承袭宋代进贤梁冠，祭服也采用梁冠。据《元史·御服志》载，宣圣庙献官法服与曲阜孔庙祭服均设梁冠。自汉平帝元始元年（前38）封孔子为褒成宣尼公始，历代王朝都尊称孔子为圣人，孔子庙因此有宣尼庙、圣庙、宣圣庙之称。曲阜孔庙，在汉代以前就已建立，内藏孔子的衣、冠、琴、车、书；此后历朝逐步扩展，规模日渐宏大，历代帝王都以至阙里祀孔为重礼大典。阙里孔子嫡裔，历朝都受到最高统治者封赐的爵位称号。元代，孔子被加封为大成至圣文宣王，家居曲阜的孔氏嫡裔被封为世袭衍圣公，官秩三品，并赐祭服；其职责就是看护孔林、孔庙，世代奉祀孔子。[①] 元代祭孔的祭服，属官定服饰。孔府收藏的这顶平金七梁冠，应是元代曲阜孔子嫡裔衍圣公官服中的冠饰。

---

① 王绣等：《服饰》，山东友谊出版社 2002 年版，第 3 页。

二 梅鹊补菱纹绸半袖男袷袍

山东省邹城出土的元代梅鹊补菱纹绸半袖男袷袍，袍长120厘米，袖长102厘米，袖口宽36厘米，下摆宽105厘米；交领、右衽、半袖、左右开衩；胸前背后各织一幅约30厘米呈正方形的喜鹊闹梅图案；两对扬首翘尾的喜鹊栖于弯曲的枯梅枝上。袍面为菱纹绸，出土时浸泡在深棕色棺液中，呈深绛色；元代的衣色，蒙人尚白，汉人尚蓝、赭二色，此袍原或为赭色。① 此袍服为特织衣料，袍身正中有竖接缝，补纹图案是由两组纹样拼对缝接而成，这种衣料在机织工艺中被称为"织成"，工艺极精致。此袍面绸料织纹细密，菱纹与素地一暗一明，有实有虚；方补图案，枯枝斜出，梅朵绽放，鹊啼梢头，是一幅美妙的艺术佳作。此服显示了元代的织造水平与衣袍制式，是一件研究元代丝织与服制不可多得的实物。②

三 素绸丝绵绔

山东邹城元代李俨墓出土，此绔色深绛，为两裤腿上端前身相连、后身与后裆全开式。绔长110厘米、腰围50厘米、绔腿宽30厘米。这件元代素绸丝绵绔，是墓主人李俨所穿用，出土时套穿于李俨木乃伊尸身的下身，外覆六层长袍。齐鲁地区元代的服装与纺织品实物现存极少，此素绸丝绵绔属稀世之物，是研究齐鲁古代服饰演变与发展史的宝贵实物。③

四 素绸鲁绣女鞋

山东邹城还出土了一件具有典型鲁绣特点的素绸女鞋，鞋通长22厘米，底长20厘米，高5厘米，略呈三角形，素绸地表里，质地坚实厚敦，底较为松软，头稍尖微上翘。鞋头采用套针法和打籽针法绣有含苞欲放的鲜花，接口处以丝线绒缨，设计巧妙，匠心独具。鞋面绣有牡

---

① 王绣等：《服饰》，山东友谊出版社2002年版，第5页。
② 同上书，第6页。
③ 同上书，第8页。

丹纹和缠枝花纹，色彩华丽，绣制精细。鞋底采用辫绣套针法和齐平针绣法绣一组荷花和水草纹，刺绣纹样风格清新雅洁，配色文静素雅，色泽层次丰富。这件素绸女鞋从刺绣技法和装饰上看，主要承袭了唐宋时期的特征。针法除采用山东地区传统的双线拈线不劈破的衣线绣法外，并根据不同内容和要求，采用了辫针、平针、网针、套针、打籽针等灵活多样的绣针法，实为研究元代鲁绣工艺的宝贵资料[1]（图6—1）。[2]

图6—1 元代素绸女绣花鞋（山东省邹县李裕庵墓出土）

五 鲁绣女裙带

山东邹县李裕庵墓出土了两件具有典型鲁绣特点的刺绣女裙带，一件为鲁绣山水人物女裙带，一件为鲁绣梅花女裙带，这两件刺绣实物堪称鲁绣艺术中的稀世珍品。

鲁绣山水人物女裙带：长155厘米，宽5厘米，质地为菱纹暗花绸，上绣山水人物，中部和两端分别绣有图案。中部图案长38厘米，为园林景色，以花鸟为主，辅以假山、流水、树木、小草作陪衬，水中鱼游，天际云行，一老者立于假山旁，其侧有一幼童，两条小鱼在水中

① 王绣等：《服饰》，山东友谊出版社2002年版，第9页。
② 同上书，第10页。

并用一条线以接针法绣出水波，自然而和谐。两端图案相同，长 23 厘米，内容分三个层次，绣祥云、山石、鹤鹿及老翁。上部绣三块骨朵云，两只对首的凤鸟在云下翱翔，并用接针法绣出一棵枝干扭曲的松树，用套针法绣出一座玲珑的假山，山左有一老者穿长袍，持杖注视远方，山右有一株灵芝瑞草，山下用一条双丝线以接针法绣出地面。中部绣一身穿短装、头束双髻的儿童在小路上行走，其前方有一假山，山上有一鹿一鹤。下部为近水景色，水中有杂草，水面有荷花和水鸟。① 裙带全部采用齐鲁地区传统的衣线绣，具有典型的鲁绣特征。

鲁绣梅花女裙带：长 155 厘米，宽 5 厘米，用罗和绸两种不同质地的料子缝合而成。中部图案长 34 厘米，两端分别长 15 厘米。三组图案全为相连的梅花，绣工精细，晕色和顺，梅花有的含苞待开，有的露花初开，有的满蕊盛开，在花的根部以辫绣套针法绣出一座假山，并用接针法绣出花梗，可谓设计精致，构思巧妙（图6—2）。②

图6—2　元代鲁绣女裙带
（山东省邹县李裕庵墓出土）

---

① 王绣等：《服饰》，山东友谊出版社 2002 年版，第 11 页。
② 同上书，第 12 页。

第七章　明代齐鲁服饰文化

　　元代后期，国力衰退，朝廷加紧盘剥，导致元末农民大起义，推翻了元朝的统治。公元 1368 年，朱元璋在南京称帝，建立起明王朝。明太祖朱元璋为了恢复生产和保持明朝的长治久安，大兴屯田，兴修水利，推广种植桑、麻、棉等经济作物。由于明初采取的一系列措施，农业生产迅速得到恢复。农业生产的提高促进了手工业的发展，使明朝中期的冶铁、制瓷、纺织等都超过了前代水平，这些都为服装的发展奠定了物质基础。

　　中国古代服饰经过两千多年的发展完善，至明代达到了一个相当高的水准，无论在服饰内容、等级标志、工艺选材，还是在实用效果方面，都有了较大的发展，可以说是汉官服饰威仪的集成与总结。明代服饰以其端庄传统、华美艳丽，成为中国近世纪服饰艺术的典范。明代服饰的特色主要体现在四个方面：第一，排斥胡服，恢复汉族传统。因为明朝政权是从蒙古贵族手中夺来的政权，所以，明朝统治者对于整顿和恢复汉族礼仪十分重视。他们废除元朝服制，上采周汉，下取唐宋服装古制，制定了明代服饰制度。第二，突出皇权，扩大皇威。在整个封建社会中，每个朝代的君臣，在服饰上都有一定的区别和界限，相比之下，明代服饰的区别最为严格。延续了两千多年的、君臣可以共用的冕服，在明代成了皇帝和郡王以上皇族的专有服装。明王朝统治者通过强化服饰的区别和界限，在被统治者心中形成神秘感和威慑效应。第三，以儒家思想为基准，进一步强化品官服饰的等序界限。在官服当中，充分挖掘、利用各代官员服饰上的等序标志，并充分利用服饰的色彩和图案等手段，自上而下，详细地加以规定，从而最大限度地表现品官之间的差异，达到使人见服知官、识饰知品的效果。第四，明代已经进入封建社会后期，其封建意识趋向于专制，趋向于崇尚繁丽华美，趋向于诸多粉饰太平和吉祥祝福之风。将吉祥纹样大量运用于服饰来加深群众的审美感受，因而使其家喻户晓、妇孺皆知是明代服饰文化的一大特色。

明代齐鲁地区的服饰实物较为丰富，山东省各地的博物馆中都有不同类别的收藏品，这为我们全面深入地了解明代齐鲁服饰提供了广阔的平台。

第一节　明代齐鲁男子服饰

一　鲁王的冠服

（一）冕服

明代冕服在使用范围上作了大幅度的调整，从过去的君臣共用变为皇族的专属服装。形式上追求古制，兼具周汉、唐宋的传统模式，但是复古不为古，经过几次调整之后，形成了明代的冕服系列。核心内容仍是皇帝冠十二旒、衣十二章、上衣下裳、赤舄等基本服制。

1. 九旒冕

山东省博物馆收藏有一件 1970 年出土的鲁王朱檀的九旒冕，是明洪武年间的实物；冕的具体形制是，在一件圆筒形状的"冠武"之上，覆盖一长方形的"綖板"，冕高 18 厘米、板长 49.5 厘米、宽 23.5 厘米；依周尺计之，其广近似于 0.4 米，正合明洪武年间所定亲王冕制。綖板的表面裹有黑漆纱；板前后各垂九旒，旒贯红、白、青、黄、黑五色玉珠，每旒穿九珠，共 162 枚旒珠；板下有一横木曰"衡"，衡两端下垂坠玉石充耳；冠镶金边、金圈，两侧有梅花金穿，贯一金簪，簪长 31 厘米，一头锐、一头钝，钝的一头呈方形（图 7—1）。[1][2]

---

① 国家文物局：《中国文物精华大辞典·金银玉石卷》，商务印书馆 1996 年版，第 230 页。

② 王绣等：《服饰》，山东友谊出版社 2002 年版，第 14 页。

图7—1 明代亲王九旒冕（鲁王朱檀墓出土）

2. 九缝皮弁

皮弁在古代是等级仅次于冕的一种冠饰，早在周代以前就已经出现。山东省博物馆收藏的文物一级品中，有一件明鲁王朱檀墓出土的九缝皮弁，此冠高20.5厘米，宽31厘米，筒径18厘米；藤篾编制，表有黑色织物痕；皮弁前后各凹九缝，缝压金线，每缝各贯五彩玉珠九枚；冠的前后各镶一长方形金框饰，两侧镶梅花形金穿孔，贯以锥形金簪（图7—2）。①

图7—2 明代亲王九缝皮弁（鲁王朱檀墓出土）

---

① 王绣等：《服饰》，山东友谊出版社2002年版，第17页。

明代的皮弁是皇帝、太子、亲王、亲王世子、郡王的专用冠式。按制，皇帝用十二缝，皇太子、亲王用九缝皮弁。鲁王朱檀墓出土的这件九缝皮弁，又名九缝朝冠，是现今唯一一件披露于世的明初亲王制皮弁实物；冠表所附乌纱与冠缝、彩珠、金簪等都与洪武年间诏定的亲王皮弁制相符，是研究明代齐鲁亲王冠服制的珍贵实物。

3. 素纱中单

古时，凡衣有表有里曰"袍"，有表无里曰"单衣"，即用单层布帛制作的一种衣衫。单衣中又有短身单衣者，称为"中单"。山东省博物馆收藏有一件明鲁王朱檀墓出土的素纱中单，是洪武年间的实物；中单身长99厘米，袖通长222厘米，交领、右衽、束腰、下摆外敞宽大。《明史·舆服制》载，明代亲王皮弁服内衬的单衣，是深衣式素纱中单；鲁王朱檀墓出土的这件素纱中单，正是此种腰部狭、下摆宽的深衣式单衣，因此，应是明代亲王皮弁服制的单衣（图7—3）。①

图7—3 明代亲王素纱中单（鲁王朱檀墓出土）

---

① 王绣等：《服饰》，山东友谊出版社2002年版，第25页。

4. "龟龄鹤算"绅

山东省博物馆藏有一件明鲁王朱檀墓出土的"龟龄鹤算"花绫绅带，带长226.5厘米、宽50.5厘米；带面织缠枝花卉与"龟龄鹤算"四字楷书，带两端织如意与横条纹，垂丝穗。此带曾遭墓水浸泡，原色已褪，现呈浅黄色，织纹呈褐色。绅在官服中被称为"大带"。早在周代，冕服中就设有"大带"，冕服中还有一种素面无饰物的革带束于腰间，起佩挂韨（蔽膝）、玉佩等垂佩之物的作用，而大带是以其华美装饰于革带之外；周以后历代冕服及许多官服中都设有大带。明代，绅作为官定服饰出现在帝、后、王、公、大臣的官服上。据《明史·舆服制》载：皇帝的冕服、通天冠服，皮弁、燕弁服；皇后的礼服；太子、亲王的冕服，皮弁服，保和服；百官的朝服、祭服、忠靖服中都设有大带。这些官服中的大带用罗或绢制成，色有赤、白、红、绿、朱等，有的还饰以缘边。明鲁王朱檀生前信奉道教，曾炼丹制药以求长生，墓中出土的这件"龟龄鹤算"绅带，所织纹饰有浓郁的道教色彩，应是专为随葬而织的袍服绅带。①

图7—4　明代亲王乌纱翼善冠
（鲁王朱檀墓出土）

（二）常服

常服，是指在重要礼仪活动之外所穿的一般性礼服。明代采用唐代常服模式：头戴翼善冠，身穿盘领袍，腰束革带，足蹬皮靴。自明英宗开始，为了进一步凸显皇威，在皇帝常服上，开创性地按照冕服的布局加饰十二章纹，增强了这款一般性礼服的庄重色彩，这也是前朝历代不曾有过的创举。

1. 乌纱翼善冠（乌纱折上巾）

乌纱翼善冠，是皇帝常服的冠

---

① 王绣等：《服饰》，山东友谊出版社2002年版，第26—27页。

帽。此冠以细竹丝编制而成，髹黑漆，内衬红素绢，再以双层黑纱敷面，冠后插圆翅形金折角两个，十分精美华贵。山东省博物馆收藏有一件明鲁王的乌纱折上巾，帽以木为衬，黑绉纱覆于表层，质坚而轻；帽高21厘米、宽15.5厘米；前低后高通体皆圆，左右二翅折之向上竖于纱帽后，是明初亲王冠式（图7—4）。①

2. 织金缎龙袍

龙，在中国人心中占据着独特的地位。上古时期，龙只是先民心中的一种动物，带有一定的平民性。到了唐宋时期，统治阶级为了利用人们的龙崇拜心理，不但自诩为龙种，还垄断了龙形象的使用权，严禁民间使用龙的图案，甚至还严禁百姓提及龙字。而到了明代，龙更成为帝王独有的徽记，正式形成了在皇帝服装上绣大型团龙的服饰制度。山东省博物馆收藏有一件明代的织金缎龙袍，是明代鲁王朱檀墓出土的实物；袍为袷袍，缎面绢里，胸、背、两肩饰织金盘龙云纹；袍身长135厘米、袖通长216厘米、下摆宽145厘米；盘领、右衽、窄袖、束腰；两侧折裥，下摆呈裙式；右腋下有三对系带痕。

二 齐鲁官员的冠服

（一）朝服

山东省博物馆的收藏品中，有一套赤罗衣、裳，是明代官员的朝服。衣为交领、右衽、阔袖，裳为一赤色的裙；衣裳的领、襟、袖、边缘以四寸宽的青罗边；衣长至膝，裳垂至地，衣料轻薄，色泽鲜艳，为典型的明代朝服。朝服是历史上文武百官在朝祭、朝会等隆重场合穿用的一种等级较高的官服。明代，凡大祀、庆成、正旦、冬至等重大典礼之时，皇帝、太子、亲王、郡王俱服冕服，百官俱服朝服。山东省博物馆收藏的这套明代赤罗衣、裳朝服，原为孔府旧藏，是明代孔子后人世袭衍圣公的官服（图7—5）。②

---

① 国家文物局：《中国文物精华大辞典·金银玉石卷》，商务印书馆1996年版，第230页。

② 王绣等：《服饰》，山东友谊出版社2002年版，第31页。

图7—5　明代官员赤罗朝服（孔府旧藏，为明代孔子后人世袭衍圣公的官服）

（二）补服

明代官员上朝需穿补服，主要服装为头戴乌纱帽、身穿盘领衣、腰束革带、足蹬皂革靴。

1. 盘领衣（补服）

明代盘领衣是由唐宋圆领袍衫发展而来，多为高圆领的缺胯样式，衣袖宽大，前胸后背缝缀补子，所以明代官服也叫"补服"。明代官服制度规定：文官官服绣禽，武将官服绣兽。"衣冠禽兽"在当时成为文武官员的代名词，也是一个令人羡慕的赞美词，只是到了明朝中晚期，官场腐败，"衣冠禽兽"才演变成为非作歹、如同禽兽的贬义词。山东省博物馆收藏的明代云鹤补红罗袍，即为明代的补服，是曲阜孔府衍圣公的官服。此袍为盘领、右襟，前胸后背皆缀方形云鹤补的红罗单袍，明代孔氏衍圣公官秩文一品，此云鹤补红罗袍正合其制（图7—6）。①

图7—6 明代官员补服（孔府旧藏，为明代孔子后人世袭衍圣公的官服）

2. 补子

明代官服上最有特色的装饰就是补子。补子是明代官服上新出现的等级标志，也是明代官服的一个创新之举。所谓补子，就是在官服的前胸、后背缝缀一块表示职别和官阶的标志性图案。补子是一块长34厘米、宽36.5厘米的长方形织锦，文官官服绣飞禽，武将官服绣走兽。具体内容是：文官一品用仙鹤，二品用锦鸡，三品孔雀，四品云雁，五品白鹇，六品鹭鸶，七品䴔䴖，八品黄鹂，九品鹌鹑，杂职则用练鹊；武官一二品用狮子，三品虎，四品豹，五品熊，六七品用彪，八品犀牛，九品海马。

补子不仅丰富了明代官服的内容，而且在昭明官阶的同时，还首次将文武官员的身份用系列、规范的形式表现出来，结束了历代文武官员穿着相同服饰上朝，文武难辨、品级难分的传统模式。所以，补子被明代之后的封建官场沿用，成为封建等级制度最为突出的代表。

---

① 山东省博物馆：《山东省博物馆藏品选》，山东友谊出版社1991年版，第144页。

3. 乌纱帽

明代乌纱帽以漆纱做成，两边展角翅端钝圆，可拆卸；圆顶，帽体前低后高，帽内常用网巾束发。帝王常服的头衣"乌纱翼善冠"也是乌纱帽的一种，不过是折角向上而已。明代乌纱帽的式样由唐、宋时期君民共用的幞头发展而来，明代成为统治阶层专用的帽子并成为做官的代称。

乌纱帽的发展演变：

东晋成帝时（334），令在宫廷中做事的官员戴一种用黑纱制成的帽子，称作"幅巾"，这种帽子很快在民间流传。

唐代称作"幞头"：是在魏晋幅巾的基础上形成的一种首服。在幅巾里面增加了一个固定的饰物，幞头形状可以变化多样，主要流行软脚幞头。

宋代幞头：由唐代流行的软角幞头变成硬角幞头，并且展脚长度增加，每个约有一尺，两个展脚呈平直向外伸展的造型，据说是为了防止官员上朝后交头接耳而设计。幞头内衬木骨或藤草，外罩漆纱，形成固定造型。

自魏晋至唐宋一直在官民中流行的幞头，到明代成为统治者的专属品。从此，乌纱帽成了只有当官者才能戴的帽子，平民百姓无权问津。

（三）赐服

1. 青罗斗牛袍

山东省博物馆收藏的明代青罗斗牛纹袍，是明代赐服中的一种。此袍交领右衽、阔袖、两腋后有插摆；前胸后背各缝缀一斗牛纹方形补子，斗牛为双牛角四爪龙形，侧盘于方补正中，两旁绣饰五彩流云，下为翻滚的海浪、嶙峋的江崖；斗牛的下身两爪，一左一右攀附在突兀的江崖之上。斗牛袍最初在明代赐服中的等级属第三位，居于蟒袍、飞鱼袍之次；但明中期正德年间的一次皇帝外巡返京后遍赐群臣时，将斗牛袍赐予一品官，而赐给二品三品官的是蟒袍、飞鱼袍，这样斗牛袍又成了一品官的赐服。山东省博物馆收藏的这件来自曲阜孔府的明代青罗斗牛纹袍，是明代孔氏袭封衍圣公获赐的官服；明代孔氏衍圣公官居正二品，待遇从文一品秩，斗牛纹袍服正合其制（图7—7）。[①]

---

① 王绣等：《服饰》，山东友谊出版社2002年版，第36页。

图 7—7 明代官员青罗斗牛袍（孔氏衍圣公的赐服）

2. 蓝罗盘金绣蟒袍

山东省博物馆收藏的蓝罗盘金绣蟒袍，是明朝皇帝赏赐给家居山东曲阜的孔子嫡裔袭封衍圣公的官衣。明代孔氏衍圣公曾多次获赐受赏，仅赐服就有蟒袍、飞鱼袍、麒麟袍、斗牛袍等多种，蓝罗盘金绣蟒袍是其中的一件；此袍色料华贵，刺绣工艺极精致，尤其是十条金蟒纹，以平金、盘金等手法，雕饰出蟒的腾跃、盘桓、行走、舞爪等形象。衬托在金蟒周围绚丽的瑞云与杂宝，使蟒袍更加流光溢彩、金碧辉煌；此袍是明代织绣工艺的极品之作，反映了当时织绣工艺的最高水平（图 7—8）。①

图 7—8 明代官员蓝罗盘金绣蟒袍（孔氏衍圣公的赐服）

---

① 王绣等：《服饰》，山东友谊出版社 2002 年版，第 39 页。

三　齐鲁男子一般服饰

古代劳动人民，通常衣着朴素，一方面是劳动的需要，另一方面却是因为统治阶级严格的服饰规定。精美的丝绸和印花布是上层社会的奢侈品，平民百姓没有资格穿用。明代齐鲁一般男子也不例外，多以棉布袍衫和短褐为主，足衣多为布鞋。

（一）袍

直裰（直身）：明初有句民谣："二可怪，两只衣袖像布袋。"这种衣袖像布袋的衣服就是明代儒士穿的斜领大袖袍，明代称为直裰或直身。这款衣服衣身宽松、衣袖宽大，四周镶宽边，腰间系两根带子，与儒巾或四方平定巾搭配，一般为读书人穿着，风格清雅。这种衣服用来表现儒士的潇洒飘逸很合适，但对于劳动者来说，未免过于拖沓，因而被劳动阶层认为是一怪，也在情理之中。

（二）巾、帽

明代帽、巾有很多种，可以说是历代王朝中帽子头巾最多的一个，从某种程度上说，这归功于朱元璋的良苦用心。历史上亲自设计服饰的皇帝，除了汉高祖刘邦以外就是朱元璋了。但两个皇帝的情况却有所不同，刘邦所制的"刘氏冠"是随着他本人的发迹而被推广的，而朱元璋亲自过问衣帽之事，却有着和武则天一样的目的，那就是拉拢人心。朱元璋推广的巾、帽主要有四方平定巾和六合一统帽。

1. 四方平定巾

四方平定巾，顾名思义，是取江山稳固、四海升平之意。四方平定巾是明代职官、儒生常戴的一种便帽，用黑色纱罗制成，戴时呈四角方形。据说这种巾帽最早是一个叫杨维帧的儒士戴用的。杨维帧是明初浙江一带颇负盛名的诗人，明太祖朱元璋多次邀请他出山做官，但都被他拒绝了。有一次，朱元璋在南京召见杨维帧，见他戴着一顶式样奇特的帽子，便问这是什么帽。杨维帧虽然不愿入仕当官，但也是想极力取悦皇帝，当即阿谀奉承说："此乃四方平定巾。"当时朱元璋刚打下江山，当然希望天下太平，听到这种话自然十分高兴，于是便诏令天下职官、儒生都戴这种头巾。就这样，一顶帽子不仅满足了帝王的心愿，也巧妙地赢得了天下士子的支持，可谓一举两得。明代山东画家崔子忠的

《云林洗桐图》中的男子，无论是文人雅士还是劳动者都以戴黑色幅巾
为时尚（图7—9）。①

图7—9　明代齐鲁男子的幅巾（明代山东画家崔子忠的《云林洗桐图》局部）

2. 六合一统帽

六合一统帽，即后人俗称的"瓜皮帽"，据说此帽也始于明太祖。
六合一统帽是用六片罗帛缝制而成，寓意天、地、四方；下部另制一道
一寸左右的帽檐，寓意天地、四方统由（皇帝）一人统辖。因此帽实
用方便，士庶纷纷戴用，一直到清代、民国，乃至新中国成立后仍有人
戴用此帽，足见其影响之深远。

---

① 天津人民美术出版社：《中国历代山水画》卷2，天津人民出版社2001年版，第13
页。

四 鞋履

明代官员脚下穿靴，或穿云头履（俗称"朝鞋"）。儒士生员多穿元色双脸鞋，庶民百姓不许穿靴，只许穿朥鞈，也可穿扎翁。

山东省博物馆收藏的明代福字履以彩缎为面；前头有多彩重叠的云朵装饰，每层用丝线拉锁扣缝边，云头正中的"福"字痕迹已残损，云形曲线流畅自如，自前头延伸至两厢。此鞋古朴吉兆，美观大方，是明鞋中较有特色的一种。这件福字履，是原曲阜孔府旧藏之物，是明代孔子后裔的实用品，这种用料做工极精的鞋履，在当时只有有钱的贵族和富商才能够穿用，而只有孔府这样世代显赫的家族才有条件将它保存至今（图7—10）。①

图7—10 明代齐鲁男子的福字履（曲阜孔府旧藏）

第二节 明代齐鲁女子服饰

一 齐鲁女子服饰

1. 霞帔

霞帔是一条从肩上披到胸前的彩带，用锦缎制作，上面绣花，两端呈三角形，下面悬挂一颗金玉坠子。明代霞帔作为命妇的礼服，霞帔上

---

① 王绣等：《服饰》，山东友谊出版社2002年版，第43页。

的纹饰随之成为命妇身份等级的重要标志。明代山东著名画家姜隐的《芭蕉美人图》中，端坐的女子即是身披霞帔（图7—11）。①

图7—11　明代女子的霞帔（明代山东画家姜隐的《芭蕉美人图》局部）

2. 襦裙

上襦下裙的服装形式，是唐代妇女的主要服饰，在明代齐鲁妇女服饰中仍占一定比例。上襦为交领、长袖短衣。裙幅初为六幅，即所谓"裙拖六幅湘江水"；后用八幅，腰间有很多细褶，行动褶如水纹。明末，裙子装饰日益讲究，裙幅增至十幅，腰间的褶裥越来越密，每褶都有一种颜色，微风吹来，色如月华，故称"月华裙"。腰带上往往挂上一根以丝带编成的"宫绦"，一般在中间打几个环结，然后下垂至地，有的还在中间穿上一块玉佩，借以压裙幅，使其不致散开影响美观，作

① 韦辛夷：《提篮小卖集》，山东画报出版社2008年版，第313页。

用与宋代的玉环绶相似（图7—12）。①

图7—12 明代齐鲁贵族女子的百褶裙

二 齐鲁女子的发髻与头饰

1. 发髻

明代妇女的发式，虽不及宋代多样，但也有本朝的许多特色。据史志记载，明初女髻变化不大，基本还是宋元时的样式。嘉靖以后，变化较多，妇女将发髻梳成扁圆形状，并在发髻的顶部，饰以宝石制成的花朵，时称"挑心髻"，以后又将头髻梳高，以金银丝绾结，远远望去，如男子头戴纱帽，头上也有珠玉点缀（图7—13）。②

2. 头饰

此时讲求以鲜花绕髻而饰，这种习惯延至民国。今日农村姑娘还时

---

① 山东省博物馆：《山东省博物馆藏品选》，山东友谊出版社1991年版，第149页。

② 吴企明：《历代名画诗画对诗集 人物卷》，苏州大学出版社2004年版，第121页。

常摘朵鲜花，别在头上，以领略大自然的风采。除鲜花绕髻之外，还有各种质料的头饰，如"金玉梅花"、"金绞丝顶笼簪"、"西番莲梢簪"、"犀玉大簪"等，多为富贵人家女子的头饰。

图7—13　明代女子的高发髻（明代山东画家崔子忠的《云中玉女图》局部）

三　齐鲁女子的鞋履

明代齐鲁妇女沿袭前代旧俗，大多崇尚缠足。她们所穿的鞋，称为

"弓鞋"。这种鞋是以樟木为高底。如果是木放在外面的，称为"外高底"，又有"杏叶"、"莲子"、"荷花"等名称；如果是木放在里边的，一般为"里高底"。这种鞋至清末民初还有人穿着。老年妇女则多穿平底鞋，名叫"底面香"。

第八章　清代齐鲁服饰文化

公元 1644 年，满清入关，满族统治者用满族统治汉人的意识推行服装改革，强令汉人薙发、留辫，改穿满族服装，这一举动引起汉人强烈的抵制，后采纳明朝遗臣金之俊"十不从"的建议，才使民怨得到缓和，清朝的服饰制度才能在全国推行。而清朝的服饰，也得以充分承继明代服饰技艺的成就。清初，在"男从女不从"的约定之下，满汉两族女子基本保持着各自的服饰形制。满族女子服饰中有相当部分与男服相同，在乾嘉以后，开始效仿汉服，虽然屡遭禁止，但其趋势仍在不断扩大。汉族女子清初的服饰基本上与明代末年相同，后来在与满族女子的长期接触之中，不断演变，并最终形成清代女子服饰特色。

第一节　清代齐鲁男子服饰

一　冕服

冕服在古代，最主要的用途是作为祭祀用的礼服，祭天地、社稷、宗庙、圣贤等。山东省博物馆收藏有一套青缎五章纹冕服，是清末在孔子庙祭孔时穿戴的祭祀用礼服。此套冕服是由冕、衣、裳、带、绶、靴组成。冕为无旒之冕，冕板前圆后方，与筒状冠武相连为一体；衣为青缎面、蓝绸里，交领、右衽、宽袖，两侧开裾至腋下的直身式；裳为青缎面、蓝绸里，分左右两片，每片有八条裥褶，腰部用横幅蓝布相连；衣长过膝，裳垂至足，衣不掩裳；衣裳边缘以三寸宽的黑花纹黄闪光缎。衣的背、肩、肘处以蓝白丝线刺绣云朵团形章纹补；章为五章：上"宗彝"（两件绘有虎猴形的祭祀用器皿纹）、下"黼"（斧形纹）、左"粉米"（米粒团形）、右"藻"（水草纹）、中间施以"黻"纹（非字纹）。绶、带以三寸宽的黑线纹黄闪光缎制成，带长 95 厘米，以方形铜带扣环扣在腰部；绶的外形是一蝶形结下垂着两条长 97 厘米的宽条带，垂挂在带后侧。靴为布底、绿牙、黑缎中腰靴。这套青缎五章纹冕服的作用就是祭孔，每当祭孔典礼之时，主祭即世袭衍圣公穿戴此类宽衣博带的冕服，焚香叩拜，带领众人进行祭祀活动（图 8—1）。①

图 8—1　清代青缎五章纹冕服（祭孔冕服，山东省博物馆收藏）

二　官服

（一）蟒袍

蟒袍，也叫"花衣"。蟒与龙形近，但蟒衣上的蟒比龙少去一爪，为四爪龙形。蟒袍是官员的礼服袍。皇子、亲王等亲贵，以及一品至七品官员俱有蟒袍，以服色及蟒的多少分别等差。如皇子蟒袍为金黄色，

---

① 王绣等：《服饰》，山东友谊出版社 2002 年版，第 88 页。

亲王等为蓝色或石青色，皆绣九蟒。一品至七品官按品级绣八至五蟒，都不得用金黄色。八品以下无蟒。凡官员参加三大节、出师、告捷等大礼必须穿蟒袍。山东省博物馆收藏的清代蓝缎织金蟒袍，袍前胸饰一金正蟒，前后身的左右交襟处各饰一金侧蟒，两肩及马蹄袖端各饰一金行蟒，共饰四爪金蟒九条。蟒袍下端是波涛翻滚的水浪与坚挺的山石，这一组装饰俗称"海水江崖"，它除了表示绵延不断的吉祥含义之外，还隐喻着"一统江山"、"万世升平"的寓意。山东省博物馆收藏的这件蓝缎织金九蟒袍，是清代曲阜孔府衍圣公的官服，衍圣公在清代是异姓封爵公，此式蟒袍正合其制（图8—2）。①

图8—2　清代蓝缎织金蟒袍（清代曲阜孔府衍圣公的官服，山东省博物馆收藏）

（二）补服

补服是清代文武百官的重要官服，清代补服从形式到内容都是对明朝官服的直接承袭。补服以装饰于前胸及后背的补子的不同图案来区别官位的高低。皇室成员用圆形补子，各级官员均用方形补子。补服的造型特点是：圆领，对襟，平袖，袖与肘齐，衣长至膝下。门襟有五颗纽扣，是一种宽松肥大的石青色外衣，当时也称之为"外套"。清代补服

---

①　王绣等：《服饰》，山东友谊出版社 2002 年版，第 52 页。

的补子纹样分皇族和百官两大类。皇族补服纹样为：五爪金龙或四爪蟒。各品级文武官员纹样为：文官一品用仙鹤；二品用锦鸡；三品用孔雀；四品用雁；五品用白鹇；六品用鹭鸶；七品用鸂鶒；八品用鹌鹑；九品用练雀。武官一品用麒麟；二品用狮子；三品用豹；四品用虎；五品用熊；六品用彪；七品和八品用犀牛；九品用海马。山东省博物馆收藏了清代青缎补服一件（图8—3、图8—4）。

图8—3　清代齐鲁官员补服（山东省博物馆收藏）

图8—4　官服上的补子（山东省博物馆收藏）

（三）官帽——顶戴花翎

清代男子的官帽，有礼帽、便帽之别。礼帽俗称"大帽子"，其制有二式：一种为冬天所戴，名为暖帽；山东省博物馆收藏有一件清代暖帽，黑缎面，蓝布里，黑丝绒檐；帽顶竖一铜顶子；顶子为长圆体，上下雕饰谷粒状纹，帽顶披红缨，为清代乾隆年以后七品官员的冬冠服（图8—5）。另一种为夏天所戴，名为凉帽。凉帽的形制，无檐，形如圆锥，俗称喇叭式。材料多为藤、竹制成。外裹绫罗，多用白色，也有用湖色、黄色等。山东省博物馆收藏有一件清代的凉帽，帽为红暗花绸里，白布面；檐外敞呈喇叭式，帽口缘石青色织金缎；帽顶披红缨，为清代无品级吏员的夏用冠（图8—6）。

图8—5 黑缎铜顶暖帽（山东省博物馆收藏）

图8—6 凉帽（山东省博物馆收藏）

　　清代官员品级的主要区别是在帽顶镂花金座上的顶珠以及顶珠下的翎枝，这就是清代官员显示身份地位的"顶戴花翎"。顶珠的质料、颜色依官员品级而不同。一品用红宝石，二品用珊瑚，三品用蓝宝石，四品用青金石，五品用水晶石，六品用砗磲（chē qú 车渠，一种南海产的大贝，古称七宝之一），七品用素金，八品镂花阴纹，金顶无饰，九品镂花阳纹，金顶。雍正八年（1730），更定官员冠顶制度，以颜色相同的玻璃代替了宝石。顶珠之下，有一枝两寸长短的翎管，用玉、翠或珐琅、花瓷制成，用以安插翎枝。翎有蓝翎、花翎之别。蓝翎是鹖羽制成，蓝色，羽长而无眼，较花翎等级为低。花翎是带有"目晕"的孔雀翎。"目晕"俗称为"眼"，在翎的尾端，有单眼、双眼、三眼之分，以翎眼多者为贵。清初，花翎极为贵重，唯有功勋及蒙特恩的人方得赏戴，而"顶戴花翎"也就成为清代官员显赫的标志。山东省博物馆的收藏品中，有清代的一眼、二眼花翎和武将宋庆军服头盔上的顶戴与雕翎（图8—7）。①

图8—7　顶戴花翎（山东省博物馆收藏）

---

　　①　王绣等：《服饰》，山东友谊出版社2002年版，第66页。

（四）马褂

马褂是一种长不过腰的短衣。马褂用料，夏为绸缎，冬为皮毛。乾隆时，达官贵人显阔，还曾时兴过一阵反穿马褂，以炫耀其高级裘皮。清代皇帝对"黄马褂"格外重视，常以此赏赐勋臣及有军功的高级武将和统兵的文官，被赏赐者也视此为极大的荣耀。赏赐黄马褂也有"赏给黄马褂"与"赏穿黄马褂"之分。"赏给"是只限于赏赐的一件，"赏穿"则可按时自做服用，不限于赏赐的一件。马褂是清代齐鲁男子比较盛行的一种外褂。山东省博物馆收藏有一件清代暗团蟒纹黑纱马褂，褂身长65厘米，腰宽34厘米，袖长84厘米，袖口26厘米；小圆领、对襟、四开衩，前襟有铜纽扣五枚。这件团蟒纹黑纱马褂，衣料轻薄，为一夏用马褂；所织暗团蟒纹，为五爪之蟒，按制属朝廷特赐或特许的纹饰；此五爪蟒纹的黑纱马褂，无镶滚缘边，应是晚清之物（图8—8）。

图8—8　清代暗团蟒纹黑纱马褂（山东省博物馆收藏）

（五）披领

披领，加于颈项而披之于肩背，形似菱角。上面多绣以纹彩。冬天用紫貂或石青色面料，边缘镶海龙绣饰。夏天用石青色面料，加片金缘边。为文武官员及命妇穿大礼服时所用。山东省博物馆收藏有清代云蟒披领，此披领石青地，织金缎镶边，上面饰有双蟒戏珠、祥云瑞蝠、水浪波纹、吉祥宝物等纹彩。这件云蟒披领来自曲阜孔府，是清代孔子嫡裔的官服；披领色石青加饰织金缎镶边，为一夏季朝服，蟒纹为五爪金蟒；孔子后裔穿用本属于帝王特权的五爪纹饰属特例，此披领应是朝廷的赏赐品（图8—9）。

图8—9   清代云蟒披领（山东省博物馆收藏）

（六）领衣

清代服式一般没有领子，所以穿礼服时需加一硬领，为领衣。因其形似牛舌，而俗称"牛舌头"，下结以布或绸缎，中间开衩，用纽扣系上，夏用纱，冬用毛皮或绒，春秋两季用湖色缎。

（七）朝靴

靴，是清代的官定服饰。山东省博物馆收藏有清代如意云纹黄朝靴一双，原为山东曲阜孔府旧藏。此靴为高腰，白布纳底，靴高54厘米，底长28厘米；靴筒以四合如意暗云纹黄缎为面，筒口镶缠枝花卉蓝缎边，上盘金线绦；蓝缎靴帮，靴头与后跟处饰黑云头绦。这双如意云纹黄朝靴，是与清代官员的朝服相配穿的靴子；朝服是所有官服中等级最高的服装，只有在重大典礼活动中才可穿用。清代，先师孔子的祭祀活动属大祀，大祀之礼，帝王穿衮龙朝服，王公以下陪祀执事官咸着朝服；康熙、乾隆帝都曾多次亲诣孔府，着衮龙朝服，于先师孔子像前行三拜之礼。清初规定，黄色属一般人禁用之色，非特赐不可穿戴；此四合如意云纹黄筒靴，无论是纹色式样，还是用料做工都不同于一般的官靴，是清代孔子后裔衍圣公祭孔或参加重大典礼活动时穿用的朝靴

（图 8—10）。①

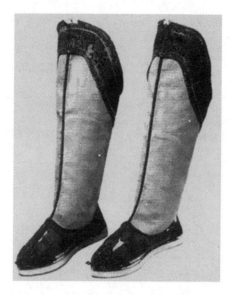

图 8—10　清代如意云纹黄朝靴（山东省博物馆收藏）

三　男子一般服饰

清代齐鲁地区一般男服有袍、褂、袄、衫、马甲、裤等。

（一）长袍

长袍，又称旗袍，原是满族衣着中最具代表性的服装。清兵入关后，全国军民在必须"剃发易服"的命令下，汉族也迅速改变了原来宽袍大袖的衣式，代之以这种长袍。旗袍于是成为全国统一的服式，成为男女老少一年四季的服装。它可以做成单、夹、皮、棉，以适应不同的气候。旗袍的样式为圆领、大襟、平袖、开衩。与长袍配套穿着的是马褂，罩于长袍之外。

（二）马甲

马甲即背心、坎肩，也叫紧身，为无袖的紧身式短上衣。有一字襟、琵琶襟、对襟、大襟和多纽式等几种款式。除多纽式无领外，其余均有立领。多纽式的马甲除在对襟的门襟有直排的纽扣外，并在前身腰

---

①　王绣等：《服饰》，山东友谊出版社 2002 年版，第 62 页。

部有一排横列的纽扣,这种马甲穿在袍套之内,如果乘马行走觉得热时,只要探手于内解掉横、直两排纽扣,便可在衣内将其曳脱,避免解脱外衣之劳。满语称作"巴图鲁坎肩"。原来这种多纽马甲只许王及公主穿,后来普通的人也都能穿,并把它直接穿在衣服外面,"巴图鲁"是好汉、勇士之意。单、夹、棉、纱都有。马甲四周和襟领处都镶异色边缘,用料和颜色与马褂差不多。

(三)裤

清朝男子已不着裙,而普遍穿裤,齐鲁地区的男子穿宽裤腰长裤,系腿带。

(四)帽

1. 瓜皮帽

清代齐鲁地区的男子最常戴的是瓜皮帽,瓜皮帽系沿袭明代的六合一统帽而来,又名小帽、便帽、秋帽。帽子作瓜棱形圆顶,下承帽檐,红绒结顶。帽胎有软硬两种,硬胎用马尾、藤竹丝编成。为区别前后,帽檐正中钉有一块明显的标志叫做"帽正"。贵族富绅多用珍珠、翡翠、猫儿眼等名贵珠玉宝石,一般人就用银片、料器之类。八旗子弟为求美观,有的在帽疙瘩上挂一缕叫做"红缦"的一尺多长的红丝绳穗子。这种形制,也有变化。咸丰初年,"帽正"已为一般人所不取,为图方便,帽顶又作尖形。帽为软胎,可折叠放于怀中,名"军机六折"。清代山东潍坊民间木版年画《男十忙》中的男子多数戴瓜皮帽(图8—11)。[①]

2. 毡帽

毡帽为齐鲁农民、商贩、劳动者所戴,有多种形式:半圆形,顶部较平;大半圆形;四角有檐反折向上;帽檐反折向上作两耳式,折下时可掩耳朵;帽后檐向上,前檐作遮阳式;帽顶有锥状者。清代山东潍坊民间木版年画《男十忙》中右侧穿黑衣的男子所戴帽子即为毡帽。

3. 风帽

风帽又名风兜、观音兜。多为老年人所用,或夹或棉或皮,以黑、紫、深青、深蓝色居多。

---

① 崔锦、王鹤:《民间艺术教育》,人民出版社 2008 年版,第 41 页。

图 8—11 清代山东潍坊民间木版年画《男十忙》中的男子多数戴瓜皮帽

4. 孩童帽

帽顶左右两旁开孔，装两只毛皮的狗耳朵或兔耳朵，以鲜艳的丝绸制作，镶嵌金钿、假玉、八仙人、佛爷等；帽筒用花边缘围，称狗头帽、兔耳帽。有的前额绣上一个虎头形，两旁与帽筒相连，帽顶留空，称为虎头帽。

（五）鞋

清代齐鲁男子着便服时穿鞋，着公服时穿靴。靴多用黑缎制作，尖头。清制规定，只有官员着朝服才许用方头靴。士庶穿白布袜、黑布鞋。体力劳动者穿草鞋。

第二节 清代齐鲁女子服饰

一 命妇服饰

（一）冠饰

清代命妇的冠服与男子的冠服大体类似，只是冠饰略有不同。冠有朝冠、吉服冠，分冬夏两种。

（二）霞帔

霞帔为女子专用，明时狭如巾带的霞帔至清时已阔如背心，中间绣禽纹以区分等级，下垂流苏。类似的凤冠霞帔在平民女子结婚时也可穿戴一次。山东省博物馆收藏有一件清代赭红缎云蟒纹补霞帔，其外形似一件对襟的背心，身长105厘米、腰宽55厘米、肩宽44厘米。霞帔的质料为缂丝云蟒纹赭红缎：帔身饰满彩色缂丝流云纹，两肩各织一团对舞的双蟒，前后领下各织一团正蟒。前胸后背各缀一方补，补纹为一四爪盘金正蟒，正蟒之下为一组海水江崖图案。前身方补之下织有两条对舞的金蟒。霞帔的最底处，是前后各一组缂丝海浪江崖图案：下为蓝、绿、金黄三色曲水，中间是翻滚的波涛，三座陡峭的峰崖挺立在汹涌的浪花之上。霞帔之下原坠有彩色流苏，因年代久远已残缺，前胸的补子下缝缀了一对系带，将两片帔身连接起来。这件赭红缎云蟒纹补霞帔，出自曲阜孔府旧藏；清代孔氏衍圣公官居文一品，是朝廷封的异姓公，其夫人也被加封为诰命，赐凤冠霞帔；清代公爵官服补子上的纹样应是蟒纹，此赭红缎云蟒纹补霞帔正合其制，是清代孔子嫡裔世袭衍圣公夫人的官服（图8—12）。

图8—12　清代赭红缎云蟒纹补霞帔（山东省博物馆收藏）

二 清代齐鲁地区满女的一般服饰

满族女子一般服饰有长袍、马甲、马褂、围巾等。

(一) 衬衣

满族女子穿直身长袍,长袍有衬衣和氅衣二式。清代女式衬衣为圆领、右衽、捻襟、直身、平袖、无开禊、有五个纽扣的长衣,袖子形式有舒袖(袖长至腕)、半宽袖(短宽袖口加接二层袖头)两类,袖口内再另加饰袖头,是妇女的一般日常便服。以绒绣、纳纱、平金、织花的为多。周身加边饰,晚清时边饰越来越多。常在衬衣外加穿坎肩。秋冬加皮、棉。

(二) 氅衣

氅衣与衬衣款式大同小异,小异是指衬衣无开禊,氅衣则左右开禊高至腋下,开禊的顶端必饰云头;且氅衣的纹饰也更加华丽,边饰的镶滚更为讲究,在领托、袖口、衣领至腋下相交处及侧摆、下摆都镶滚不同色彩、不同工艺、不同质料的花边、花绦、狗牙等。大约咸丰、同治期间,妇女衣饰镶滚花边的道数越来越多,有"十八镶"之称。这种以镶滚花边为服装主要装饰的风尚,一直到民国期间仍继续流行。在氅衣的袖口内,也都缀接纹饰华丽的袖头,加接的袖头上面也以花边、花绦子、狗牙儿加以镶滚,袖口内加接了袖头之后,袖子就显得长了,而且看上去像是穿了好几件讲究的衣服。加接的袖头磨脏了又可以更换新的,既美观又实用。

(三) 马甲

马甲,又称背心、坎肩,是人们在春、秋、冬季穿的一种无袖紧身式短上衣。马甲原来是汉族人的服式,清代的满人兴穿马甲,应当说是在入关之后受汉族人衣着影响的结果。山东省博物馆收藏的清代牡丹花纹黑纱马甲以牡丹暗花纹黑纱为表,黄绢为里,身长55厘米、腰宽52厘米、肩宽12厘米;立领、对襟、左右开禊;领沿、领托、前襟、底摆、左右开禊等处均镶黑缎窄边;门襟均匀地钉缀五对黑缎盘纽、袢。马甲衣面纱地织纹稀疏,黑纱网眼下若隐若现的黄色绢地,衬托着密织的黑色折枝牡丹花,为一件精巧别致的女式紧身马甲(图8—13)。

图 8—13　清代牡丹花纹黑纱马甲

（山东省博物馆收藏）

（四）马褂

女马褂款式有挽袖（袖比手臂长的）、舒袖（袖不及手臂长的）两类。衣身长短肥瘦的流行变化情况与男式马褂差不多。但女式马褂全身施纹彩并用花边镶饰。

（五）围巾

清代满族女子在穿衬衣和氅衣时，在脖颈上系一条宽约 2 寸、长约 3 尺的丝带，丝带从脖子后面向前围绕，右面的一端搭在前胸、左面的一端掩入衣服捻襟之内。围巾一般都绣有花纹，花纹与衣服上的花纹配套。讲究的还镶有金线及珍珠。

（六）清代齐鲁地区满族妇女的鞋

满族妇女的鞋极有特色。以木为底，鞋底极高，类似今日的高跟鞋，但高跟在鞋中部。一般高一二寸，以后有增至四五寸的，上下较宽，中间细圆，似一花盆，故名"花盆底"。有的底部凿成马蹄形，故又称"马蹄底"。鞋面多为缎制，绣有花样，鞋底涂白粉，富贵人家妇女还在鞋跟周围镶嵌宝石。这种鞋底极为坚固，往往鞋已破毁，而底仍可再用。新妇及年轻妇女穿着较多，一般小姑娘至十三四岁时开始用高底。山东省博物馆收藏的蓝缎彩绣旗鞋，鞋为蓝缎面、白布里，紫鞋鼻，前鼻与后帮处加镶绿牙缏，鞋面以五彩丝线刺绣莲花与鸳鸯；木底包白布，下贴一层薄纳底，底与帮相接处镶黑牙；鞋长 25 厘米、底长 12 厘米、底高 13.5 厘米，木鞋底前部微内凹，后部为内敛的坡形是一种集马蹄与花盆为一体的旗鞋。此鞋工艺精湛，应是满人贵族妇女穿用之物（图 8—14）。

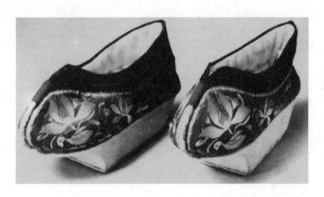

图 8—14　清代蓝缎彩绣旗鞋（山东省博物馆收藏）

三　清代齐鲁地区汉族女子的服饰

汉族妇女的服装较男服变化较少，一般穿袄、衫、云肩、裙、裤等。

（一）袄

清初袄、衫以对襟居多，寸许领子，上有一两枚领扣，领形若蝴蝶，以金银做成，后改用绸子编成短纽扣，腰间仍用带子不用纽扣。清后期装饰日趋繁复，到"十八镶十八滚"。山东省博物馆收藏有一件清代彩绣人物红绸袄，是清代中期以前齐鲁汉族妇女穿用的大夹袄；此夹袄色彩鲜艳华丽，盘金刺绣，镶嵌补缀，工艺极精，是清代服饰工艺中的佳作。

（二）云肩

云肩为妇女披在肩上的装饰物，五代时已有之，元代仪卫及舞女也穿。《元史·舆服志一》记载："云肩，制如四垂云。"即四合如意形，明代妇女作为礼服上的装饰，清代齐鲁妇女也用。清代山东潍坊民间木版年画《女十忙》中的女子就有披云肩的（图8—15）。[①]

图8—15　清代山东潍坊民间木版年画《女十忙》，中上部坐姿女子披云肩

（三）裙

裙子主要是汉族妇女所穿，满族命妇除朝裙外，一般不穿裙子。至晚清，汉满服装互相交流，汉满妇女都穿。清代齐鲁女子的裙子有百褶裙、马面裙、襕干裙、鱼鳞裙、凤尾裙、红喜裙、玉裙、月华裙、墨花裙、粗蓝葛布裙等。清代山东民间木版年画中的女子就穿各式裙子。

（四）裤

只穿裤而不套裙者，多为侍婢或乡村劳动女子。因上衣较长，坎肩也较长，所以裤子在衣下仅露尺许。腰间系带下垂于左，但不露于外，初期尚窄下垂流苏，后期尚阔而长，带端施绣花纹，以为装饰。山东省博物馆收藏有清代绸料女裤多件。

（五）清代齐鲁汉族女子的鞋

清代齐鲁汉族女子缠足，多穿木底弓鞋，鞋面多刺绣、镶珠宝。山

---

① 捷人、卫海：《中国美术图典》，海南国际新闻出版中心1996年版，第609页。

东省博物馆收藏的清代红缎彩绣弓鞋，鞋体小巧玲珑，为典型的"三寸金莲"。

第三节　清代齐鲁地区的军服

山东省博物馆收藏有一件清朝武将宋庆的盔甲。盔为金属质，盔上饰雕龙梁，有覆碗、盔盘，盘上竖翎管，上插两株立翎，两翎之间为镂花金属座，座上衔一似长花苞型的红珊瑚顶子。甲的面料为织锦缎，其上布满铜泡钉；甲衣为圆领、对襟、马蹄袖，双肩装有护肩，其下有护腋；胸背佩圆形金属护镜，胸镜下佩梯形护腹；腰下左侧佩弓袋，右侧挂贮有弓矢的撒袋（即箭囊）。下身的围裳分左右两幅，用带子系在腰间，前身垂佩标示二品武官身份绣有狮头纹饰的蔽膝。这些佩件装置，除护肩用带子联属外，其余均用纽扣相接。这套盔甲是清中晚期最后一批实用型武将军服，且又是二品武官的甲胄，具有较高的文物价值（图8—16）。

图8—16　清代武将盔甲（山东省博物馆收藏）

第九章　民国齐鲁服饰文化

　　发生在 20 世纪的辛亥革命和五四运动，不仅改变了中国社会的面貌，而且对几千年的中国服装传统的变革也是极其深刻的。辛亥革命后，原有的服装形制虽然退出了历史舞台，但旧的观念仍有很大市场，民国初期男子的服饰仍沿袭清代旧俗。从 20 年代起，大城市的教师、公司洋行和机关的办事员等开始穿着西装，但多见于青年，老年职员和普通市民则很少穿着，长衫马褂作为主体的礼服，仍有一定的地位。孙中山先生倡导民众扫除蠹弊、移风易俗，并身体力行，为中国服装的发展作出了积极的贡献，以他的名字命名的"中山装"，对后世的影响已远远超出衣服本身。这一时期的男子服装呈现出新老交替、中西并存的"博览会"式的局面，为男装的进一步变革铺平了道路。五四运动后，受西方工业文明的冲击，中国服装业开始了艰难的发展历程。在新思想、新观念的影响下，中国女性千百年来固有的服饰形象逐渐改变，广大妇女从缠足等陋习的束缚中解放出来。自唐朝以后，中国女子服装的裁制方法一直是采用直线，胸、肩、腰、臀没有明显的曲折变化，至此开始大胆变革，试用服装以充分展示自然人体美。因此，改良旗袍的普遍穿着成为一种趋势，20 世纪二三十年代出现在大城市的繁荣景观，把女装的发展推向高潮。这个时期的女装变革具有划时代的意义，同时，在如何对待传统服饰文化上也给人们留下了有益的启示。中山装和旗袍的出现和发展，为中国的现代服装打下了基础，特别是中山装系列，一直左右服装近百年。由于当时的历史背景，服装的发展与繁荣仅局限在中国沿海的一些大城市，而齐鲁地区的服饰发展，从总体上说仍然是迟缓、曲折的。

第一节　民国齐鲁男子服饰

一　中山装

中山装是由学生装和军装改进而成的一款服装，由伟大的革命先行者孙中山先生创导和率先穿着，因而得名"中山装"。中山装出现在历史巨大变革时期，是告别旧时代，进入新世纪的标志，具有深远的影响。其款式吸收了西方服式的优点，改革了传统中装宽松的结构，造型呈方形轮廓，贴身适体，领下等距离排列的纽扣，顺垂衣襟而下，呈中轴线。对称式四袋设计实用、稳重。与西服相比，改敞开的领型为封闭的立领，自然庄重，具有东方人的气质与风度。民国时期齐鲁地区的男子也有穿中山装者。

二　长袍马褂

长袍马褂是民国时期齐鲁中年人及公务人员交际时的装束。整体形象是：头戴瓜皮小帽，下身穿中式裤子，脚蹬布鞋或棉靴。民国初时裤式宽松，裤脚以缎带系扎；20 年代中期废除扎带；30 年代后期裤管渐小，扎带缝在裤管上（图9—1）。①

三　西服、革履、礼帽

西服、革履、礼帽是齐鲁青年或从事洋务者的装束。礼帽即圆顶，下施宽阔帽檐，微微翻起，冬用黑色毛呢，夏用白色丝葛，是与中、西服皆可

图9—1　民国时期齐鲁地区穿长袍马褂戴瓜皮帽的男子

---

① 华梅：《中国近现代服装史》，中国纺织出版社 2008 年版，第 77 页。

配套的庄重首服（图9—2）。①

图9—2　民国时期穿西服、革履的齐鲁青年

四　长袍、西裤、礼帽、皮鞋

这是民国后期较为时兴的一种男子装束，也是中西结合较为成功的一套男装式样。既不失民族风韵、又增添潇洒英俊之气，文雅之中显露精干，是这一时期很有代表性的男子服装。

五　学生装

身穿学生装，头戴鸭舌帽或白色帆布阔边帽。这种服装明显接近清末引进的日本制服，而日本制服又是在欧洲西服基础上派生出来的。式样主要为直立领，胸前一个口袋，一般为资产阶级进步人士和青年学生

---

① 济宁市市中区政协编：《济宁老照片》《文史资料》第12辑，济宁市新闻出版局2000年版，第150页。

穿用（图9—3）。①

　　在齐鲁民间，由于地区不同，
自然条件不同，接受新事物的程度
也不尽相同，因此服饰的演变进度
显然有所差异。如偏僻地区的老人
到20世纪中叶仍留辫、扎裤脚。很
多农村人到1949年新中国成立以后
依然穿大襟袄、中式裤、白布袜、
黑布鞋、佩烟袋、荷包、钱袋、打
火石等，头戴毡帽，出门戴草帽、
风帽等。城市中一些老年妇女直至
60年代时仍有着大襟袄、梳盘头、

图9—3　民国时期穿学生装的齐鲁青年

穿缠足尖头鞋的，甚至到90年代，这种装束依然存在。

六　袄裤

　　穿中式上衣和配裤子，是齐鲁劳动者的日常打扮（图9—4）。②

图9—4　民国时期齐鲁地区穿袄裤的劳动者

----

① 《老照片》编辑部：《风物流变见沧桑》，山东画报出版社2001年版，第70页。
② ［加］施吉利：《老山东　威廉·史密斯的第二故乡》，山东美术出版社1996年版，第82页。

第二节　民国齐鲁女子服饰

一　改良旗袍

　　旗袍本是满族妇女的服装，20世纪20年代以后，都市妇女服装中最具特点、最普遍的穿着即是旗袍。在清代传统旗袍的基础上，为适应汉满各族人民的穿着，旗袍的样式不仅吸收了汉袍中的立领等细节，也从装饰繁复走向简化。20年代，受到西方服饰的影响，袍身逐渐收窄。吸收西方服装立体造型原理，增加了腰身、胸身，并运用了肩缝与装袖等元素，使款式走向完美成熟。这时的旗袍经过彻底的改良，已经完全脱离了原来的式样。其款式经过了民族融合、中西合璧而变成一种具有独特风格的中国女装样式。其样式的变化主要集中在领、袖及长度等方面。先是流行高领，领子越高越时髦，即使在盛夏，薄如蝉翼的旗袍也必配上高耸及耳的硬领。渐而流行低领，领子越低越"摩登"，当低到

图9—5　民国时期穿改良旗袍的齐鲁女子

实在无法再低的时候，干脆就穿起没有领子的旗袍。袖子的变化也是如此，时而流行长的，长过手腕；时而流行短的，短至露肘。① 至于旗袍的长度，更有许多变化，在一个时期内，曾经流行长的，走起路来无不衣边扫地；以后又改短式，裙长及膝。后来旗袍的式样趋向于取消袖子（夏装）、缩短长度和减低领高，并省去了烦琐的装饰，使其更加轻便、适体（图9—5）。②

二　袄裙

袄裙为民国初年衣裙上下配用的一种女子服式。辛亥革命后，人们的日常服装受西式服装的影响较大，近代服装西化已成趋势。当时广大妇女从缠足等陋习的束缚中解放出来，时装表演、演艺界明星的奇异服饰便起到了推波助澜的作用。上衣下裙的袄裙服式在这种环境下产生出来。其上衣一般仍为襟式，包括大襟、直襟、右斜襟等，下摆有半圆、直角等形，衣袖、衣领也依穿着习惯各异。下裙近似现代褶裙，裙的长短也不一样（图9—6）。③

三　西式时装

西式时装主要包括西式连衣裙、西式大衣、西式礼服等。翻领、露肩、高跟鞋、丝袜、烫发成为20世纪40年代时尚。

图9—6　民国时期山东民间年画中穿袄裙的女子

① 夏燕靖：《艺术中国·服饰卷》，南京大学出版社2010年版，第206页。
② 济宁市市中区政协编：《济宁老照片》（《文史资料》第12辑），济宁市新闻出版局2000年版，第151页。
③ 谢昌一：《山东民间年画》，山东美术出版社1993年版，第105页。

四　袄裤

穿中式上衣和配裤子，也是齐鲁普通妇女的日常打扮（图9—7）。①

图9—7　民国时期穿袄裤的齐鲁女子

五　婚礼服

20世纪20年代后，出现了"文明新婚"的形式，新郎穿深色礼服、白衬衫、打领结，新娘通身白色婚纱，佩戴红色玫瑰。也有中西合璧式婚礼，新郎穿中式的长袍马褂，新娘披婚纱。

---

① 济宁市市中区政协编：《济宁老照片》（《文史资料》第12辑），济宁市新闻出版局2000年版，第150页。

第十章　新中国齐鲁服饰

1949 年中华人民共和国的成立，标志着中国服饰走入一个崭新的历史时期。新中国成立后服饰的一个巨大转折点是改革开放。自 1979 年对世界敞开国门以后，西方现代文明迅疾涌入质朴的中国大地。自此，世界最新潮流的时装可以经由最便捷的信息通道——电视、互联网等瞬间传到中国，齐鲁大地热衷于赶时髦的青年们基本上与发达国家同步感受新服饰。着装者摆脱了蓝、绿、灰且男女不分、不显腰身的无个性服装时代，迎来了百花齐放、五彩缤纷的服饰艺苑的美好春光。

第一节　20 世纪 50 年代的齐鲁服饰

一　灰色干部服

20 世纪 50 年代以后服装的发展，经历了一个曲折的过程。50 年代初到 60 年代，经济发展得还不够快，物质条件还比较差，因此，反映在穿衣上比较明显，主要是简朴和实用，可以说是以朴素为中心。1949 年开始的干部服热，是受军队服装的影响。进驻各个城市的干部都穿灰色的中山服，首先效法的是青年学生，一股革命的热情激励他们穿起了象征革命的服装。各行各业的人们争相效法，很多人把长袍、西服改做成中山服或军服。在色彩上也是五花八门，但多以蓝色、黑色、灰色为主，还有的人把西服穿在里面，外罩一件干部服。这时穿长袍、马褂和西服的人已经很少了。在齐鲁农村，穿干部服的人是少数，大多数人仍穿中式服装（图 10—1）。①

---

① 济宁市市中区政协编：《济宁老照片》（《文史资料》第 12 辑），济宁市新闻出版局 2000 年版，第 106 页。

图10—1 20世纪50年代穿干部服的山东男子形象

二 列宁服的流行

苏联的服装在20世纪50年代初期对我国的服装影响比较大，列宁服就是依照列宁常穿的服装设计的，其主要特点是：大翻领，单、双排扣，斜插袋，还可以系一条腰带。主要是妇女穿着，穿一件列宁服，梳短发，给人一种整洁利落、朴素大方的感觉。列宁服的流行，是军队中的女干部进城带来的。最初在城里流行开来，主要是一些革命干校的学员穿着。① 后来在大学中的部分女干部中流行，以后逐渐流入社会，形成了穿列宁服的风气（图10—2）。②

---

① 赵晓玲：《服饰文化纵览》，山西人民出版社2007年版，第187页。

② 济宁市市中区政协编：《济宁老照片》（《文史资料》第12辑），济宁市新闻出版局2000年版，第131页。

图 10—2 20 世纪 50 年代穿列宁服的山东女子形象

三 中山装的大发展和毛式服装的兴起

1949 年以来，穿中山装的人越来越多，到 50 年代以后，更是形成穿中山装的热潮。除去中山装之外，还有"人民装"，其款式的特点是：尖角翻领、单排扣和有袋盖插袋，这种款式既有中山装的庄重大方，又有列宁装的简洁单纯，而且也是老少皆宜，当时穿人民装的年轻人很多。后来出现的"青年装"、"学生装"、"军便装"、"女式两用衫"，都有中山装的影子。中山装并不是一成不变的，在款式上也在不断发生变化。如领子就有很大的变化，从完全扣紧喉头中解放出来，领口开大，翻领也由小变大，当时毛泽东很喜欢穿这种改进了的中山装，因此国外把这种服装叫做"毛式服装"。中山装作为中国的传统服装，从 50 年代到 70 年代一直流行不衰，最主要的原因是老年人、青年人都可以穿，甚至儿童也有穿中山装的情况。中山装什么样的面料都能制作，可以平时穿着，也可以作为礼服，当时，中山装成为最有代表性的服装。

第二节　20世纪60年代的齐鲁服饰

一　老三色和老三装

在极"左"思潮的干扰和破坏下，老三色蓝、黑、灰，中山装、青年装、军便装又占领了服装阵地，西服和旗袍更没有人敢穿了。就连年轻的女孩子也不敢穿花衣服或是颜色比较鲜艳的服装，甚至有的年轻妇女也穿起了中山装。从背后看去，男女不分，可见当时服装的单调程度。穿着打扮虽然在"老三色"和"老三装"统治下，但人们还是想尽办法在此基础上穿得鲜亮一些。如，中年妇女穿灰色条纹、叠门襟的两用衫，男子穿灰、蓝色的中山服，穿方口布鞋，戴草绿色的解放帽。小学生也不例外，当时的小学生都要参加红小兵，也穿起了绿军装。但孩子们是爱美的，家长们也不愿让孩子穿得太单调，不少家长在面料上想办法。例如用咖啡色的灯芯绒，做成立领的罩衣穿在小军装的外面，上面绣一点小花显得稚气。女青年的穿着也受到影响，除去两用衫、对襟棉袄之外，到了夏天也只有穿一些浅色的衬衫。爱美是女孩子的天性，于是有人就在这种浅色的衬衫上想主意。开始在胸前绣上一朵小花，又从一朵小花发展成一组图案，于是在胸前绣花的衬衫成为当时的流行样式。

二　红卫兵运动和旧军装

"红卫兵运动"在极"左"思潮的推动之下，批判所谓"封、资、修"分子。这一运动提出"老子英雄儿好汉"，要继承革命的传统，把草绿色的军装、草绿色的军帽当成革命的标志。一时间掀起了穿草绿军装的热潮，除红卫兵之外，工人、农民、教师、干部、知识分子中有相当一部分人也穿起了草绿色的军装。开始是年轻人把长辈的旧军装穿起来，后来形成热潮，人们纷纷购买草绿色的布进行制作。不久市场上开始出售草绿色的上衣和草绿色的裤子，为人们赶新时尚提供了条件。60年代服装穿着的主题，可以说是以革命为中心，草绿色的军帽、宽皮带、毛泽东像章、红色的语录本、草绿色帆布挎包等，成为服饰配套的典型配饰品。

第三节　20世纪70年代的齐鲁服饰

一　在穿着上的清规戒律

20世纪70年代初，极"左"思潮仍然统治着服装行业，人们的穿着还是受着种种的限制。极"左"的清规戒律并没有清除，虽然比60年代后半期要好一些，人们对穿衣还是心有余悸，但是人追求美的心理是不可抹杀的。一些服装设计工作者在"老三装"的基础上设计了一批新款式，当时被认为是"奇装异服"。70年代初，人们购买成衣的观念很淡薄，不少家庭都自备了缝纫机，因此，当时的裁剪书非常畅销，自裁自做的服装很流行。当时比较流行的男装款式有：中山服上衣、军便服上衣、翻领制服上衣、立领制服上衣、青年服、劳动服、拉链劳动服、青年裤、紧腿棉裤、棉短大衣、风雪大衣、中式便服棉袄等；女装的款式有：单外衣、立领单外衣、女式军便服上衣、连驳领短袖衫、斜明襟短袖衫、顺褶裙、对褶裙、碎褶裙、中式便服棉袄和罩褂等；儿童服装基本上都是仿效成人服装的样式，如劳动衫、工装裤、红卫服等。1976年以后，人们从左倾思潮中逐渐解放出来，服装穿着逐渐走上了健康的发展道路，西服的款式又被提到议事日程，到1978年，已经出现了双排扣西式驳领的服装。服装店先后恢复了经营特色，开创了服装发展的新局面。

二　化纤纺织品服装

进入20世纪70年代，化学纤维逐渐兴起，无论是品种和数量都很快地发展起来了，这在很大程度上解决了人民穿衣难的问题。化学纤维的种类很多，如，粘纤、粘胶丝、醋纤、维纶、腈纶、锦纶、涤纶、氯纶等。化学纤维有许多棉布没有的新特点，如容易洗涤、容易熨烫，有的面料还可以免烫。当时，因"的确良"面料易洗免烫，"的确良"材质的衬衣深受齐鲁百姓的喜欢。由于化学纤维的兴起，衣料的品种花样逐渐增多，服装的款式、色彩也越来越丰富。到70年代末期，齐鲁人民的穿着已经有了明显的变化。70年代是服装行业转折的年代，人们在物质基础逐渐好转的情况下，激发了追求新异的心理。但当时的经济条件还不是太好，也只能是在原来的基础上，从款式、色彩上着眼，选择比较新异的服装。70 年代后期，人们购买成衣的观念大大提高，开始摆脱自裁自做的局面。买来布以后，请裁缝裁剪成衣片，然后自家进行缝制，这又是一种新的服装加工方式，因此，当时的裁剪摊很多，有的地方形成了裁剪一条街。随后几年，人们的经济状况逐渐好转，慢慢从自裁自做转变为找个体裁缝店加工。

第四节　改革开放后的齐鲁服饰

进入 20 世纪 80 年代，对外开放、对内搞活的政策给服装带来了进一步的繁荣。落后的服装业得到迅速发展，随着国外服装信息的不断流入及中国服装设计师队伍的崛起，服装逐渐融入国际流行的大潮。90 年代全中国的服装呈现出多元化景象，齐鲁地区也不例外。

一　喇叭裤的流行

20 世纪 70 年代末、80 年代初首先打破"老三装"款式的服装，就是喇叭裤。其实喇叭裤在国外已经流行了多年，由于 50 年代以后我们采取自力更生的政策，与国外接触比较少，因此国外的东西知道得很少，服装也不例外，国际上的流行趋势不能及时传进我国。[1] 国家实行改革开放政策以后，国际的流行趋势通过各种渠道涌进了中国。喇叭裤就是其中的一种，一批勇敢的年轻人带头穿起了喇叭裤，开始遭到一些有保守思想的人的反对，后来逐渐被一批又一批的年轻人所认同，于是喇叭裤风行一时。

二　80 年代的西服热

改革开放的政策使人们的眼界大开，对于多年一贯的老款式人们感到厌倦。国家领导人带头穿起了西服，穿西装的要求随着时代而兴起了。齐鲁人民逐步脱掉"老三装"，换上西服，开始追求时尚潮流。

---

[1]　来汶阳、兰马、舒仁庆：《现代时装设计》，江西科学技术出版社 1991 年版，第 219 页。

三　牛仔服的流行

1982 年以后，牛仔服在全国开始流行，先是牛仔裤风行一时。牛仔裤开始流行的时候，款式是直筒式，在膝部收细，裤脚呈喇叭形状。先是在工人、学生中间流行，后来一些文艺工作者也穿起了牛仔裤，接着青年教师、青年干部也有相当一部分人穿起了牛仔裤。牛仔裤风行以后，牛仔衣、牛仔裙、牛仔背心、牛仔风衣也纷纷上市。因为牛仔服衣料耐穿、潇洒大方、穿着舒服、款式多变，可以宽松也可以贴身，很受青年人的欢迎。到 90 年代牛仔服的面料又有很大发展，彩色的牛仔布问世，各种款型、各种色彩的牛仔服丰富多彩，齐鲁大城市的服装流行逐步与全国保持一致。

四　运动服时装化

1984 年以后，掀起一股运动服热，运动服的面料多样、弹性好、色彩鲜艳，引起了人们的兴趣。开始只是一般性的穿着，后来逐渐向时装靠拢。运动服时装化使人们扩大了穿着的范围，跟着就有不少服装厂家成批生产运动服款式的时装。特别是一种加长、宽松的运动服时装受到了人们的青睐。

五　滑雪衫的流行

滑雪衫也是运动服的一类，其主要特点是轻便柔软、易洗易干、保暖性强、色彩鲜艳、款式多变，男女老少皆宜。它一出现在市场上，立即受到人们的欢迎。后来，不少厂家都生产以羽绒为填充料的滑雪衫、航空衫等新款式，在款式变化上也越来越丰富，有两面穿的、里和面分开的等不同款式，极大方便了消费者。1984 年以后，羽绒滑雪衫的产量逐年上升，这种轻暖的服装，一时成为人们争相购买的时髦服装，直到 90 年代仍然流行不衰。

六　夹克衫日新月异

改革开放以后，穿西服的热潮引发了其他西式服装的流行。夹克衫的流行就是其中典型。夹克衫的面料多样，如灯芯绒、晶光布、涤棉布、尼龙绸、牛仔布、水洗布、水洗绸等。在款式上变化丰富，不同职业、不同年龄，都可以选到自己合适的夹克衫。穿夹克衫比穿西服要自由得多，也可以系领带，给人的感觉潇洒大方，深受齐鲁消费者的喜爱。

七 针织内衣外衣化和文化衫的流行

针织服装原来是作为内衣穿着的，如棉毛衫、汗衫、背心等。70年代以后，人们开始用针织面料生产外衣，到80年代，已经与国际流行款式接轨。如，青果领女式夹克衫、西装式三件套、圆摆西装等。一般性的外衣受到了冷落，设计新颖的针织时装大受欢迎。

80年代后期，开始流行文化衫。原来作为内衣穿着的圆领衫、背心等，到了夏天就成为最受欢迎的时装。文化衫的图案内容非常广泛，如，纪念性质的、著名人物、风景、体育、警句、名言等。当然，也有一些不健康的内容，在青年中造成不好的影响，如"别理我"、"我烦"等，但在社会舆论的批评下，很快就消除了。随着文化衫的流行，原来穿在里面的一些服装，逐渐在款式上有所变化，也可以穿在外面了。如西服衬衫一改过去的贴身款式，袖身、衣身都向宽松的方向发展，这样既可以作为内衣穿着，也可以作为外衣穿着。特别是女式衬衫，可以说是花样百出，每个季度都有最新的流行款式推向市场。

第二篇

齐鲁地区的服装材料与服饰工艺

第十一章　丝绸

第一节　齐鲁丝绸溯源

　　齐鲁地区位于我国东部沿海，地处黄河下游，是中华民族古老文明的发祥地之一。这里冬不甚寒，夏无酷暑，气候温和，土地肥沃，最适宜植桑养蚕。早在原始社会后期，养蚕丝织业就已初见端倪，在临淄的龙山文化遗址中已发现印有织物痕迹的陶器，考古学家们推测为丝织物印痕。到殷商时期，丝织业更为发达，统治者把蚕的形象雕成玉制品，生前供玩饰，死后随葬入墓，反映了当时丝绸业与人民生活关系之密切。

　　齐纨鲁缟，衣被天下。齐鲁丝绸的名声在春秋战国时期已达到极盛。1976 年临淄郎家庄的一个殉人墓中，就曾出土过这一时期的丝绸实物，实物虽已碳化，但仍能分辨出其中有锦、绢、绣等品种。锦、绣是当时丝绸品种中最高档的织物，出土于山东，一般来说是山东的产物。但根据史料来看，当时齐鲁最有名的品种还是素织物纨和缟，纨是一种光泽特好的素织物，《释名》解释说："纨，焕也，细泽有光，焕焕然也"[①]，而缟则是一种生织不练的素织物，当时有句名言为"强弩之末，力不能透缟"可能正是以缟之轻薄来形容末弩之无力。"齐纨鲁缟"以后就被当作是齐鲁丝绸的代表而传遍天下。秦汉时，齐鲁已成为全国蚕桑业丝织手工业最发达的地方之一，司马迁《史记》载："齐鲁千亩桑麻"，[②] 蚕区甚广，而临淄、曲阜、东

---

　　① 转引自孙雍长《训诂原理》，语文出版社 1997 年版，第 240 页。
　　② 转引自齐涛《丝绸之路探源》，齐鲁书社 1992 年版，第 162 页。

阿、济宁等地已成为丝织品的主要产地。汉皇室在临淄设置服官三所，织工数千，岁资巨万，专为皇室成员制作春夏秋三季丝绸服饰。史游《急就篇》载："齐国给献素缯帛，飞龙凤凰相追逐"①，这说明当时图案精美的丝织品已达到相当高的工艺水平。20世纪初在丝绸之路上发现了汉代任城亢父（今济宁）生产的丝织品缣，可见当时齐鲁地区丝绸已通过丝绸之路运往西域。

鲁人重织作，机杼鸣帘栊。东汉末到南北朝的400年间，北方连年战乱，人口大量南迁，齐鲁地区蚕丝业频频遭劫。到了唐代，社会安定，齐鲁地区蚕丝业又进入兴盛时期，丝织业遍布齐鲁各州，唐代诗人李白《答汶上翁》诗曰"五月梅始黄，蚕凋桑柘空，鲁人重织作，机杼鸣帘栊"。诗中描绘出鲁人喂罢蚕繁忙织作的情景。当时齐鲁地区每年要向朝廷贡赋大量的绫和绢。兖州的镜花绫、青州的仙纹绫、博州的平绸均为珍贵的贡品。北宋时期，齐鲁地区丝织业仍较繁盛，北宋末年齐鲁地区人民每年交纳的布帛赋税，其中绫为全国绫税的41%，绢为全国绢税的16.7%，绸为全国绸税的13.2%，丝绵为全国丝绵税的6.85%，比例之大，可见仍为全国丝绸生产的重点地区之一。宋室南渡后，大批蚕民织匠为躲避战乱，亦纷纷迁徙江浙等地，齐鲁地区蚕丝业一度衰落。

桑丝柞绸兼而有之。明代中叶，丝绸海外贸易逐渐扩大，齐鲁地区蚕丝业得以复兴。万历年间周村五大行之一即为丝绸。坐落在运河边上的临清已成为丝绸贸易的重要集散地。但是，这里特别要提出的是用柞蚕丝织制的茧绸。

柞茧源于齐鲁地区，起先没有人工放养，是生活在丘陵柞林中的野生蚕。据晋人崔豹的《古今注》记载：元帝永光四年（前40）"东莱郡（今牟平县）东牟山有野蚕成茧……民以为蚕絮"②。明代崇祯年间齐鲁地区茧绸（即柞丝绸）已闻名中外，被誉为"山东绸"。清代齐鲁地区柞蚕生产进入兴盛时期。从康熙年间开始柞蚕放养技术先后传播到河南、河北、贵州、四川、安徽、辽宁等地。19世纪末20世纪初又传

---

① 转引自赵承泽《中国科学技术史·纺织卷》，科学出版社2002年版，第43页。
② 转引自何光岳《炎黄源流史》，江西教育出版社1992年版，第470页。

到朝鲜、日本、苏联等邻近的国家。乾隆年间在苏州有绸缎大铺专门销售沂水茧绸。清末民初为近代齐鲁地区蚕茧和丝绸生产史上的黄金时代，1910 年全省产桑蚕茧 2 万余吨，至 1922 年，据山东劝业会议录所载：全省 108 个县中 107 个有桑蚕业。丝织业中逐步形成了周村、昌邑、烟台三大丝绸集散地和产地。仅周村一地蒸汽机缫丝厂就有四家，丝织机 2500 余台，丝绸漂染作坊 60 余座。而昌邑、烟台生产的柞丝绸，年产约 150 万匹，约占全国柞丝绸产量的 80%。1949 年新中国成立前夕，山东的丝绸业濒临绝境，据统计，1949 年全省仅年产桑蚕丝 1 吨，尚有零星作坊和丝织机台。新中国成立后，丝绸业得以复兴和发展，特别是党的十一届三中全会以来，在改革开放政策的指引下，山东省的茧丝绸各业得以快速发展。[①]

第二节　齐鲁柞蚕丝绸

一　齐鲁柞蚕丝绸的发展概况

齐鲁柞蚕丝绸又名茧绸，古称山绸，系由柞蚕丝织成的各种织物。主产于山东省烟台市海阳、乳山、栖霞、文登、牟平等县及潍坊市昌邑县。传统品种众多，用工艺和规格命名的有捻绒绸、20 码大绸、30 码与 50 码长绸等，用产地命名的有南山府绸、宁海绸、芝罘绸等。1949 年新中国成立以来又有宝光呢、大条绸、柞丝灯芯绒、柞丝劳动绸等品种问世。捻绒绸质地粗壮而多额，俗称毛绸或疙瘩绸，为柞丝绸最古老品种之一。最初为手工捻线，平纹织成。由于经细纬粗，绸面上自然形成不规则排列的疙瘩和似断似续的粗细线条，厚重粗犷，别具风格，舒适实用，坚固耐穿，宜制作服装及家具装饰品。南山府绸原产于日照、五莲一带，系用旱缲丝织成。因经纬丝条粗细不同，绸面上形成具有散布式突出条纹。质地轻薄细致，经印花染色后，色泽鲜明，有天然珍珠闪光，手感挺而不硬，宜制男女衬衣，具有浓厚的东方艺术效果，典雅优美，别具一格。宁海绸因原产地牟平县古为宁海州而得名，规格长 30 码，宽 90 厘米。分两个品种：一名宁海双丝绸，用多股 100% 柞丝

---

① 倪孔宜、石金昌：《源远流长的山东丝绸》，《丝绸》1988 年第 12 期。

织成；一名宁海白绸，用 67% 柞丝、33% 桑丝交织而成。纬粗厚实，手感平挺，柔软光滑，吸湿保暖，最宜制作男西服、女外套、裙子及冬季衬衣。芝罘绸因原产地烟台古称芝罘而得名，经线细密，纬线在绸面上形成不规则粗条花纹，新颖别致，光泽柔和，质地轻软，吸湿透气，滑爽而富弹性，为缝制夏令衬衫或外衣的理想衣料。山东发现利用柞蚕丝的历史至少已有 2000 余年。东汉初官方推行人工放养柞蚕。《晋书》载："太康七年（286），东莱山蚕遍野，成蚕可四十里，土人缫丝织之，名曰山绸。"[①] 20 世纪初，烟台沿海百余里的市镇，均以缫丝为恒业，昌邑县柳疃集为丝业荟萃之区，所产柞丝绸质厚色美，经久耐用，曾出口南洋、俄国等地，号称柳疃绸。[②]

　　传统的柳疃丝绸与家蚕绸不同，是特指用野生的柞蚕丝为原料织造的茧绸。齐鲁东部山区自古以来盛产野蚕，但从汉代到明代，仅仅是被历代统治者视为反映国家太平的祥瑞而已，一直未能得到有效的利用。明代末年，随着社会的发展，山茧的价值逐步被发现，茧绸的织造由之出现。明万历年间的《莱州府志》的货物类就有了"山茧绸"的记载。但因为当时的社会经济结构的原因，山茧绸的发展和传播异常缓慢。近代栖霞人孙钟潭《山茧辑略》载："山茧之用，自汉至明，谓之祥瑞，终未能畅行，降至清初，文明日启，齐东一带，乡间有以此制线代布者。"就是对这一史实的真实描述。

　　柳疃居于胶潍平原，濒临渤海，并不出产山茧，那为什么能够成为中国茧绸的生产中心呢？在《山茧辑略》中记载："我栖自嘉庆初年以纺车纺线而盛行焉。至十七年大凶，乡人或纺线，或织绸，以易有无，而赖以生活者益众。其线名曰山线，织出之绸有二种，其次者曰小绸，亦曰黑绸。高者曰大绸亦曰白绸。山西昌邑俱到桃村安庄收买小绸，至张家口、西口兑换羊皮、口蘑等，否则或贩卖于乌兰查布盟。大绸销行南地并北京。"可见柳疃柞丝绸的传播与当时柳疃籍商人在胶东贩卖丝绸有关，因为丰厚的商业利益，柳疃一带的商人由异地坐庄，逐步开始了本地织造。柳疃丝绸的原料最初来源于胶东半岛的牟平、海阳、栖

---

① 转引自山曼《齐鲁之邦的民俗与旅游》，旅游教育出版社 1995 年版，第 234 页。
② 赵维臣：《中国土特名产辞典》，商务印书馆 1991 年版，第 551 页。

霞、莱阳和鲁中南山区的日照、诸城、莒县、沂水等地山区，后来辽东半岛的柞蚕也源源运来。清朝道光年间，柳疃的丝织业日益兴盛，用蚕绸品种逐渐增多，质量不断改进。当时织出的名牌产品就有南山府绸、明丝绸、老宽绸二十码、五十码、大黄绸、小黄绸、一六绸等，这些品种用料精良，配丝合理，美观大方，朴实耐用，深受商人和用户欢迎。他们根据市场需要，又进一步完善工艺，使柳疃丝绸外观美丽，手感柔软，穿着舒适。与此同时，织造业主还利用染布工艺，开始了丝绸的印染。

1845 年，柳疃丝绸商号如雨后春笋发展起来。这些丝绸商号将购进的原料，发放四乡农户，有缫有织，再根据加工工日费用和产品质量优劣等级，于月底或季末结算账目。这样农户可做无本的家庭手工业，以补农业不足。而商号也不用上缫丝和织绸设备即成为丝绸产品的厂家，由此逐步确立了一个社会加工、工贸相连的生产形式，建立起了一个丝店、机户和机匠三位一体的生产体系。机匠受雇于机户，出卖劳动力，机户则根据丝店的来料和要求，加工出需要的丝绸产品，而拥有较大资本的丝店，则用放料取货，以货出售的方式，从事商业经营。这种产销相连的经营方式对柳疃柞丝绸生产的发展，起到了积极作用。清末民初，柳疃柞丝绸业发展到了鼎盛时期。此时，以柳疃为中心的数百个村庄，几乎家家织机声，村村有半屋（半地下室机房）。这时胶济铁路修起，内陆与沿海诸港口的沟通，使胶鲁接壤腹地的柳疃成了一个繁荣商埠，各地商人云集而来。清代王元廷的《野蚕录》对当时柳疃的繁荣有详细的记述："今之茧绸，以莱为盛，莱之昌邑柳疃集，为丝业荟萃之区，机户如林，商贾骈阗，茧绸之名溢于四远。除各直省外，至于新疆、回疆、前后藏、内外蒙古，裨贩络绎不绝于道，镳车之来，十数里衔尾相接。"

民国时期，柳疃已成为齐鲁地区山茧绸的主要生产基地。1933 年版《现代中国实业志》载："山东主要产绸产地，为昌邑、栖霞、牟平等县，均共有织机六七千架，每年织茧绸一百余万匹，全省总产量约达一百五十余万匹，约占全国茧绸总产量百分之八十。"另，民国二十一年《胶济铁路经济调查资料汇编》载："（昌邑）织绸木机在前十数年繁盛时期，约有一万余架，工作人员数达十万左右，出品约六十万匹，总值约四百万元。"可见昌邑所产又占此 80% 的 60% 还要多。此时期，柳疃柞丝绸畅销山东省内，同时也销往边疆少数民族地区，甚至还远销亚欧诸国。

民国后期，柳疃绸业开始衰退，1949 年新中国成立以后，在党和政府的重视下，传统的柳疃柞丝绸重新焕发出熠熠光彩。

二　齐鲁柞蚕丝绸的特点

1. 外观

未经过染色或印花的柞蚕丝织物的外观呈乳白色或褐色，由于单丝呈扁平三角形截面以及层状结构，所以织物表面的光泽柔和、悦目；另外，在光的漫反射下，织物表面有极光出现；又因为丝线较粗，所以织成的织物表面粗犷、自然，尤其是柞蚕大条丝类丝线所形成的织物，外观粗犷、富有立体感。若用在提花织物上，由于花纹的存在，使得织物表面的图案层次清楚，类似手工艺品。

2. 物理性能

织物硬挺、强度高、弹性好。

3. 吸湿保暖性

柞蚕丝织物属天然蛋白质纤维，其吸湿能力大于棉而小于羊毛，因此吸湿透气性好，穿着舒适，冬暖夏凉，一年四季都可穿用。另外不起静电，织物不易沾灰。

4. 耐酸碱性

柞蚕丝的耐酸碱性比桑蚕丝好，是作防酸绸的极好材料。

5. 绝缘性

柞蚕丝与其他纤维混捻或混纺，制织带电作业服，使用效果很好。

三　齐鲁柞蚕丝绸的色彩

1. 柞蚕丝传统面料色彩

用柞蚕丝织造的丝织物具有天然柞蚕丝的淡黄色，光泽柔和，手感柔软。柞丝绸品种按其工艺不同分为精炼绸、漂白绸、提花绸、染色绸和印花绸等。比起华丽细致的桑蚕丝绸，柞蚕丝面料外观较质朴粗糙，类似于麻织物，坚牢耐用，手感柔而不爽，自然而又不失档次品位

（图 11—1、图 11—2）。传统柞蚕丝绸面料的色彩基本都是采用其本身的奶黄色调，让人感觉神秘而粗犷。传统柞蚕丝绸的颜色在很长一段时间内都保持着这种原始的色彩。但是伴随着时代的发展，纤维新技术和新产业的迅猛发展，尤其是染色和混纺技术的发展，齐鲁地区柞蚕丝绸的色彩五彩缤纷。

图 11—1　柞蚕丝绸

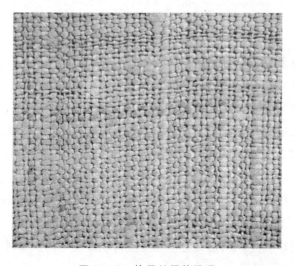

图 11—2　柞蚕丝绸的肌理

2. 柞蚕丝面料的色彩变化

20 世纪 80 年代初期以前，柞蚕丝绸面料色彩比较单一，但是它作为天然纤维，利用的领域相当地广泛。蓝、灰青色为主色调，80 年代中后期，随着改革开放的深入，人们的着装色彩随之发生了很大变化，柞蚕丝绸的色彩也随之出现了多样化的趋势，出现了红、黄、绿色等色彩。20 世纪 90 年代初期，自然之风在全球蔓延，从简单的回归自然到仿自然，再到超自然，天然纤维和来自天然的创作灵感成为引领时尚的动力。90 年代的服装色彩以蓝、绿色调为主，柞蚕丝绸面料的色彩也出现了同样的发展趋势。90 年代后期国际上又流行起黑、白、灰。在强调传统天然面料的趋势中可以清楚地看到，人们追求的是技术化的天然织物，具有不同天然属性的织物通过特殊处理被赋予了新的功能性和审美特征。技术化的天然织物几乎与合成的纤维织物一样精细，既有内在的功能性，同时保留了天然纤维原有的迷人外观和手感。21 世纪，作为纯天然面料的柞蚕丝，在返璞归真潮流的影响下，逐渐受到追求着装品位的人们的青睐。纯天然面料可塑性较强，不仅可作为随意的家居服、轻松的休闲装，经过染、绣等加工之后还能制成仪态万方的盛装。

第三节　齐鲁桑蚕丝绸

一　齐鲁桑蚕丝绸的发展概况

齐鲁地区桑蚕丝绸的主要产地是周村，周村是齐文化的发源地，也是中国桑蚕丝绸业的重要发源地之一，商代就是重要的丝绸纺织中心，具有悠久的历史，被誉为"丝绸之乡"。周村的丝绸业由来已久，春秋战国时期周村所在的齐国曾出现过"衣履冠带天下"的盛况。西汉、北宋时期，齐鲁地区是全国丝织业的中心，周村则是齐鲁地区丝绸的荟萃之地。经历南宋金元的发展，至明末清初，周村的丝绸业已饮誉全国。随着丝织技术的提高，其生产的丝织品色泽弹性俱佳，备受各地欢迎，销路日广，生产规模日益扩大。至清朝乾隆年间，周村一带出现了

"桑植满田园，户户皆养蚕；处处闻蚕声，家家织绸缎"的景象。① 据道光年间济南府志记载周村一带"俗多务织作，善绩山茧，茧非本邑所出，而业之者颇多，男妇皆能之人"。② 长久不辍的传统，善织的风气，为周村近代以来丝绸业进一步发展创造了良好条件。清代中期以前大约数百余年间，由于禁止生丝出口，缺乏国际市场的激烈竞争与刺激，又受传统条件的限制，周村家庭生产丝绸，效率低、利润低，资金少，技术工人缺乏，对它的进一步发展造成困难，直至 1904 年周村开埠，这种局面才有了极大改观。自周村辟为商埠之后，洋商纷至沓来。德国、英国、美国、日本先后在周村设立洋行，受外国洋货的冲击以及资本主义生产方式的示范作用，周村绅商基于民族自尊心，奋起与之争利。具有近代规模的缫丝厂取代了传统的手工丝织业。民国之后，周村丝绸业更是逐年兴盛。

二 齐鲁桑蚕丝绸的主要种类

据史料记载，齐鲁桑丝绸种类繁多，花色齐全，根据其不同的外观特征，可分为：绢类、绡类、素类、缟类、纱类、纺类、绉类、绨类、绮类、锦类、罗类、葛类等丝织品。

1. 绢类织物

绢类织物在古代称之为帛，是由生丝织成的丝绸面料，汉朝通称为缯。其特征为色彩白皙，质地稀疏、轻盈。颜师古注："绢，生缯也，似缣而疏者也。"③ 临淄郎家庄一号东周墓中，发现绢类织物残纹的特征为平纹组织，每平方厘米经丝 76 根，纬丝 36 根，除绢片外，还在铜镜等器物上和填土中发现有已腐朽的绢纹，体现了齐鲁地区在绢类织物上的较高水平。

2. 绡类织物

绡是一种类似于縠的方空纱，是由生丝织成，质地轻盈，又有生丝

---

① 陈龙飞：《山东省经济地理》，新华出版社 1992 年版，第 250 页。

② 转引自汤敏《周村开埠后的丝绸业及其对山东丝绸的影响》，《历史教学问题》1995 年第 5 期。

③ 《汉语大字典》编辑委员会：《汉语大字典》（第 3 卷），湖北辞书出版社 2001 年版，第 3404 页。

缯的说法。《说文解字》曰："绡，生丝也。"《广韵》认为："绡，生丝缯也。"李善注解为："绡轻縠也。"[①]

3. 素类织物

素类织物属于平纹组织，是由生丝织成的绢，但由于质料的特点白而细致，质地优良，不加任何修饰，故被称为素。《释名·释采帛》曰："素，朴素也。已织则供用，不附加施也。"[②] 在素类织物中，以纨和冰纨最为有名，冰纨在质地和外观上都优于纨，因其色泽光洁白晳如冰而得此名。它以其织纹细腻、洁白、光泽柔和、薄如绢纱等特点闻名于世，享有"齐纨"之称。这种面料也是当时贵族子弟竞相穿着的首选衣料，"纨绔子弟"一词也由此而来。

4. 缟类织物

缟类织物以"阿缟"最为有名。阿缟，属平纹织物，由生丝织成，其特点为色白，质地精细纤薄，《汉书》颜师古注："缟，皓素也。"其色洁白如月，而且坚固有韧性。

5. 纱类织物

纱类织物为孔类平纹织物，因经纬丝线交织稀疏而得名，有"漏沙"之说。其特点是色泽多样，质地轻薄、通透，纹理细致。

6. 纺类织物

练和缣属于纺类织物，是由熟丝织成的丝织物。《管子·山国》："春缣衣，夏单衣。"练，同绢。其特点为质地白色，平纹织物的熟绢。

7. 绉类织物

縠属于绉类织物，同其他织物相同都属于平纹类织物，因其外观有凸起如粟或绉而得名。质地精细轻薄，表面呈皱起状态。绉属于贵族专属面料，一般人禁止穿用。

8. 绨类织物

绨类织物在齐鲁地区的纺织品面料中最为厚重，它属于平纹丝织物。其特点为质地光滑厚重，经纬交织紧密，有光泽，又称厚缯。

---

① 转引自王星光《中原文化大典·科学技术典　纺织》，中州古籍出版社 2008 年版，第 284 页。

② 转引自张奇传《亚圣精蕴孟子哲学真谛》，人民出版社 1997 年版，第 97 页。

9. 绮类织物

绮类织物是一种平纹底上显斜纹花的丝织物，此种织物有明显纹理的外观特征。绮作为高档面料，流行于贵族中。

10. 绫类织物

绫类织物是纹理细腻、光洁如水、如冰似镜的血纹底暗花丝织物。此种面料也是统治阶级的专用面料。

11. 锦类织物

锦是齐鲁地区桑蚕丝绸中最为华丽的丝织物之一，它色彩绚丽鲜明，是用彩色的经纬丝线织出各种图案和花纹的丝织物，其中以二色锦和三色锦最为有名，均为经二重组织。锦的表面细洁平挺，服用效果好，表面经线根据显花的需要互为沉浮，使织物表面清晰地显现出两种以上色彩花纹，质地比较厚实。锦曾被作为高档礼品用于各诸侯国的礼物交往。

第四节　丝绸之路与齐鲁丝织业

我国是世界上最早发明饲养家蚕和织造丝绸的国家，而且在很长的时期内，是世界上唯一生产丝绸的国家。中国的丝绸很早就随着中外文化交流而远销国外，成为海外诸国备受崇拜和欢迎的贸易品。中国的丝绸远销国外，大多沿着一定的交通道路进行，久而久之，便形成了"丝绸之路"。"丝绸之路"通常是指从西安出发，经河西走廊、新疆天山南北两路到达中亚、西亚，直到欧洲和非洲。因中国很早就向西方国家大量输出丝织品，古希腊、罗马人称中国是"赛里斯国"意即"丝绸之国"。这条"丝绸之路"的开通，以往的研究者均认为是西汉张骞出使西域才开通的。实际上，在此之前，中国的丝绸就由商人沿着这条道路远销西方。从古文献记载看，至少西周时期即已开通。《穆天子传》载，西周穆王（前976—前922）西游至昆仑丘见到了西王母。所谓的西王母，当系西北新疆一带某一大部落的女首领。周穆王西游时带去了大批的物品，其中就有大量丝绸（如"锦"等）。在周穆王沿途赏赐给当地部落首领的物品中，丝绸占了相当大的数量。周穆王能够携带大量丝绸到达今天的新疆一带，表明在此之前早就有大批商人开通了这条丝绸之路。否则，周天子绝不会轻易地、盲目地进行西游。对《穆天子传》一书的年代，学术界尚有不同的看法，但一般认为成书的年代是战国时期。即使如此，也表明在西汉张骞通西域之前，作为"丝绸之路"也早已开通。

先秦两汉时期，齐鲁地区的丝织业是当时我国最大的丝织业中心地。它与"丝绸之路"上远销国外的丝织品有着极为密切的关系。齐鲁地处黄河下游，沃野千里，气候温和，这种优越的自然条件，极适宜于桑麻的生长。因此，从史前时期起，齐鲁就是我国纺织业的发源地之一，夏商周时期又发展成为我国盛产蚕丝的最发达的地区。那么，齐鲁大量精致的丝织品都销往哪些地方呢？我们认为，除专供皇帝皇室享用外，主要是畅销国内外。在国内，先秦两汉时期，齐鲁的丝织品（包括麻织品在内）始终保持着"天下之人冠带衣履，皆仰齐地"的地位。这说明齐鲁的丝织品畅销全国，因而形成了"齐冠带衣履天下"的局面。在国外，齐鲁地区的丝织品也大有市场。首先，皇帝赏赐给外国国王或部落酋长的礼品当中就有大量的丝绸。先秦时期周穆王西游时的赏赐，两汉时期历代帝王对匈奴、西域诸国首领的赏赐，均有大量丝绸在内。赏赐的各种丝织品，动辄就是上百匹、千匹，甚至数万匹。亢父缣在甘肃敦煌的发现就是"丝绸之路"上丝绸来源于齐鲁地区齐地的确凿物证，同时也说明齐鲁是"丝绸之路"的主要源头。

第十二章　鲁锦

第一节　鲁锦溯源

鲁锦的历史源远流长，早在春秋战国时期，齐鲁大地已是我国产锦中心，"齐纨鲁缟"号称"冠带衣履天下"。《战国策·秦策·秦武阳谓甘茂章》中就有关于曾子母亲织布的记载。嘉祥武氏祠汉代画像石刻中的《孟母断机教子图》和《曾母投杼图》形象生动地刻画出自汉代以来齐鲁大地繁盛的织锦图景。唐代大诗人李白曾有诗云："五月梅始黄，蚕凋桑柘空。鲁人重织作，机杼鸣帘栊"，诗中描绘了勤劳的齐鲁人民辛苦劳作的场景。诗圣杜甫也有诗作记录了鲁锦纺织的情形："齐纨鲁缟车班班，男耕女织不相失。"① 元明之际，随着棉花在黄河流域的大面积种植，齐鲁人民将传统的葛、麻、丝、织绣工艺糅进棉纺织工艺，形成了独特的鲁锦。经过明清两代纺织机具的改进和织造工艺的发展，鲁锦艺术已达到炉火纯青、登峰造极的境界。在清代，鲁锦曾作为贡品进献宫廷成为大内御用之物。

第二节　鲁锦工艺

鲁锦的织造工艺流程十分繁杂，这也是其魅力所在。从采棉纺线到上机织布，要经过大大小小 72 道工序。主工序可以概括为 16 道：轧花、弹花、纺线、打线、染线、浆线、拖线、络线、经线、闯杼、刷线、掏综、闯二遍杼、吊机子、拴布、织布。

---

① 张福信：《齐都春秋——淄博历史述略》，山东友谊出版社 1987 年版，第 195 页。

　　轧花：把籽棉加工成皮棉。摘下的棉桃未经加工时叫籽棉，使用轧花机将籽棉脱籽，变为皮棉。

　　弹花：把皮棉弹成棉绒。弹花的工具原为弦式弹花弓，现在都普遍使用电力弹花机。弹好的棉绒均匀蓬松，才容易纺成纱线。

　　纺线：将棉绒搓成中空的长棉条，叫"花布儿"，把"花布儿"纺成"线穗子"。所用工具是古老而简易的手摇纺车，基本结构是一条绳子将带有手柄的纺轮与左下角的锭子轴相连，起到传送动力的作用。这样纺出的线，其实是带有弱捻的棉纱，强度不高，用作经线的话需要上浆，或者用纺车再进一步合股成线。

　　打线：用打车将"线穗子"绕成环形线束。束状的线比穗状松散，容易浸泡染色。

　　染线：根据织布需要，把本色线束按照纹样要求染成各种颜色。色彩鲜艳是鲁锦的主要特色，因此染色是十分关键的一步。古时染布一般采用靛蓝、红花、茜草、朱砂等天然植物或矿物染料，工序十分复杂；近代采用合成燃料；1949 年新中国成立后出现了用小纸袋装的直接染料，因价格低廉、使用方便、色谱齐全被广泛用于家庭染布，也成为鲁锦最常用的染料。但直接染料的水洗和日晒色牢度都比较差，家庭染色的程序又不规范，容易褪色便成为传统鲁锦最大的一个缺陷。

　　浆线：把面粉和水混合，加温成稀糨糊，再加凉水稀释成面浆。把线放进面浆里使劲揉搓，使面浆被充分吸收，然后将线挂晾。

　　扽线：晾线时要不断拧水，用一根扽线棒用力伸拉线束，使线变舒展，彼此分离开来。待晾至半干时，再用手使劲搓。经过这一道工序后线就不易纠缠打结，变得光滑结实。

　　络线：把浆好晾干的线束缠在络子上。

　　经线：经线是织造过程中的重要环节，也是准备工作中最为复杂的一步，通常需要三人完成。首先找一个比较宽敞的场地并打扫干净，搭好架子拉上线，线上再用小铁丝做出若干铁环，便于棉线穿过。然后根据布匹的长度在搭好的架子旁边的地上砸上木橛子。木橛子的数量及两头木橛间的距离决定了织物的长宽。经线决定了布匹的宽度和经线上的图案。

　　闯杼：将经好的线团用特殊的竹片，依据经线排列顺序，一根根插入杼中，为刷线做准备。

刷线：刷线主要是理顺经线时候缠结在一起的线，为以后顺利织布做准备。一般刷线要在一个晴朗的天气，找一个宽敞的场地，支好织机，把闯过杼的这一端固定在盛花子上，另一端也固定，然后用刷子进行梳理，把梳理好的线卷起来，直到全部刷完。

掏综：也叫穿综，是一个至关重要的工序，主要是确定经线上图案的样式。通常由两人配合操作，站在盛花子旁的人递线头，坐在综边的人把线穿入综眼，使经线上下分离形成织口，便于穿纬线。掏好的线头要一绺一绺松松地绾上结，防止回退。

闯二次杼：这次闯杼跟第一次一样，主要是为了进一步理顺经线的排列顺序，并固定幅宽，为织造做准备。

吊机子：把织机的各个部件和经线整体安装调试，保证织机顺利工作，一般由有经验的老人完成。

拴布：取一块布头作为引子，将闯过杼的经线一绺一绺拴在布头上，再将布头卷在卷布轴上，把杼板固定后，再固定好卷布轴。

上述工序完成之后就可以进行织布了。从经线到吊好机子，顺利的话也要两三天才能完成。鲁锦织造的每道工序都非常繁杂，每道工序又有许多子工序，全部采用纯手工工艺，可以想象在漂亮的鲁锦背后，蕴藏着多少繁杂的辛勤劳动。下面这首在菏泽地区广为流传的民谣《棉花段》生动形象地表现了植棉、纺纱、织布的全过程。

> 天上的星星滴溜溜转，听俺表表棉花段。
> 庄稼老头去犁地，使着两个老板犍。
> 拽拉拽拉上家前，犁得深，耙得暄，横三竖四耙七遍。
> 黑花种，灰土拌，撒到地里云散散。
> 老天下了场雾细雨，出的小花真全欢。
> 打花顶，罗花盘，结的桃子一大串。
> 开的花像鸡蛋，王母娘娘去拾棉。
> 拾到花篮里穿，搬了两根大板凳，
> 搬了一个晒蒲簾，晒得小花铺展展。
> 溜嘎嗒去轧棉，一边出的是花种，一边出的是雪片。

小弓弹，沙木弓，骡皮弦，旋沟的夹个柳芭椽，

枣木锤子旋的剔溜圆，弹得棉花扑然然。

拿挺子，搬案板，搓得布几细又圆。

一个车子八根翘，一个锭子两头尖，纺的穗子像鹅蛋。

打车子打，线轴子转，浆线杆架着浆线椽，

拖线棒棒拿在手，砰砰喳喳拖了三五遍。

落子响，旋风子转，经线娘娘跑开马，刷线娘娘站两边，

线头闯在杼里面，织布娘娘坐在里面，织的小布门扇宽。

送到缸里染青蓝，浆子剐，棒槌锭，剪子绞，钢针钻，做了个大布衫。

虽说不是值钱货，七十二样都占全，

十字大街站一站，让您夸夸俺的好手段。①

受现代机器化大生产的冲击，现在鲁锦织造的部分工序如纺线、染线等，因为费时、费力，已经被机器生产所代替。笔者在鄄城实地调研时看到的鲁锦工艺流程就是从经线开始的。由于织工们都是进行来料加工，纱线都是从公司里领取的，纺线、染线等已经采用机器生产。也就是说，经线前的工艺，如轧花、弹花、纺线、打线、染线、浆线、拖线、络线等已经省略了，只保留了传统工艺中经线到织布的工艺。这样在尽量保持鲁锦风格的基础上，大大缩短了工艺流程，提高了织造的效率。

第三节　鲁锦的艺术特征

鲁锦具有古朴典雅中不失高贵大方，粗犷中透着细腻，艳丽中蕴含着稳重的艺术特征。鲁锦特征的形成主要取决于其纹样、色彩及独特寓意三方面。

---

① 赵屹、唐家路：《花格子布》，河北美术出版社 2003 年版，第 34—35 页。

一 鲁锦的纹样特征

鲁锦纹样不是具体的事物形象，而是齐鲁百姓根据自己生活中的所见、所闻、所悟，按照自己的审美标准，通过经纬不同色线的交叉搭配，织造出的各种各样的几何图案。通过几何图案的重叠、平移、连接、穿插、间断、对比等一系列变化，形成了特有的纹样风格和韵律。

图案是鲁锦最具特色的地方，也是齐鲁民俗文化最直接的表现。鲁锦图案织造精巧，构思严谨；图案布局讲究左右对称，上下呼应，疏密得当，聚散有度，曲直对比。大都为人们所熟悉的二方连续和四方连续图案。鲁锦图案一般都有主纹和副纹之分，主纹通常作为图案名称的依据，副纹主要起衬托作用，以主纹为中心，对称分布，其宽度、长度都要与主纹相通连贯，使纹样整体看起来具有一定的连续性。鲁锦是靠通经断纬、直来直去的方法织造。经纬结构反复循环变化，再加上经纬色线的错综交叉，就可以产生出变化无穷、丰富多彩的纹样，令人叹为观止。织者的乐趣，也正在这随心所欲的千变万化之中。通过以简单的几何格子纹为基础，任意组合、创新，鲁锦纹样发展至今多达 1990 种。[①] 根据织造工艺以及织造综框数目的不同，鲁锦图案主要分为两大类：两匹缯图案和四匹缯图案。

1. 两匹缯图案

两匹缯图案，主要是指用两个综框织造的平纹布。织造方法简单，样式种类比较单一，基本上都是通过色线的交织变化形成的抽象图案。常见的图案造型一般是简单的线条分割和排列，主要以平纹、方格纹、条纹为主。最初只是作为一种普通的家用土布，用于被里、褥里和床单，没有什么特色，后来，随着经济的发展，染色工艺的出现，织造工艺的成熟，才逐渐形成花纹（图 12—1、图 12—2）。

---

① 山东省济宁市政协文史资料委员会编：《济宁风俗通览》，齐鲁书社 2004 年版，第 471 页。

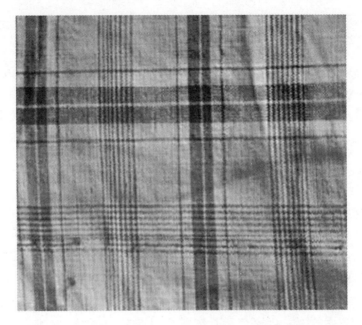

图 12—1　方格纹

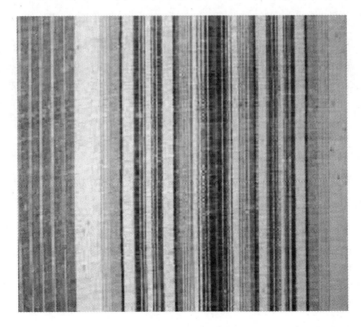

图 12—2　条纹

2. 四匹缯图案

四匹缯是用四片综织造的提花纹样，主要是通过穿综顺序和织造方法改变图案的造型，是齐鲁智慧的结晶。四匹缯图案工艺复杂，种类繁多，是鲁锦织造工艺成熟的标志，也是鲁锦纹样的典型代表。四匹缯图案有传统古老的类似于图腾的纹样，也有现代的富有时代气息的纹样。如下图所示，这些色彩斑斓的图案都被命之以具有形象感的名称，有着丰富多彩的民俗寓意。我们撇开各种各样的名称不说，仅从纹样本身，或纹样的组合来看，也可获得不可言传的形式美感（图12—3、图12—4、图12—5）。鲁锦纹样以其特有的方式体现着非主流文化层面的习俗惯制、价值观念、心理趋向、伦理道德和生活方式。表达了齐鲁人民对"生"的追求和对"吉祥"的渴望。淳朴善良的齐鲁人民用朴素无声的语言，把能展现幸福美好理念的人物故事情节，诠释在鲁锦上，使其丰富多彩的纹样更具备文化属性和地域色彩。

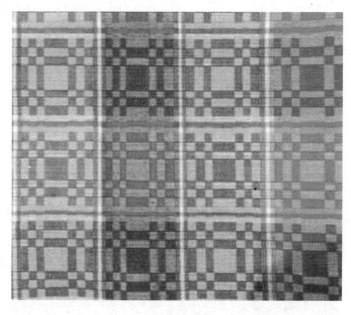

图12—3 四匹缯图案1

图 12—4　四匹缯图案 2

图 12—5　四匹缯图案 3

二　鲁锦的色彩特征

受齐鲁传统文化的影响，鲁锦的色彩体现了黄河流域根深蒂固的文化底蕴，在不违背色彩文化象征寓意的情况下，用色鲜艳大胆，形成了独特的色彩视觉美感。鲁锦用色节奏明快，色彩对比强烈，同时又和谐统一，耐人寻味。① 常用颜色有：湖蓝、靛青、绿、棕、黄、黑、大红、桃红等。在色彩搭配时遵循"红红绿绿，图个吉利"、"红间绿，一块玉"、"红间黄，喜煞娘"等民艺配色口诀。其中虽不乏色彩的视觉要求，但重要的是民间关于祈福、欢庆、和美等心理情感的直接描述。鲁锦配色在要求具备视觉效果的同时，还要满足人们精神上的需求，最终形成了象征热闹红火、欢乐喜庆的鲁锦。鲁锦的色彩从侧面也反映出了齐鲁人民至诚的情感和豪放正直的性格。

三　鲁锦纹样的寓意特征

鲁锦纹样不仅造型、结构、色彩符合形式美，还隐含着丰富多彩的民俗寓意。鲁锦艺术作为一种民间文化观念的载体，是齐鲁百姓表达情感和意愿的直接见证。

猫蹄纹，来源于鲁西南地区非常普遍的动物猫的蹄子。猫承担着捉老鼠的任务，具有灵性，走路的姿态也很优美，现代"T"型台上的模特走秀，就是根据猫的走姿创造出来的。鲁西南人们把猫的蹄印用鲁锦图案的形式织造出来，体现了鲁西南人们善于捕捉生活中的美好事物（图12—6）。

芝麻花纹，取材于鲁西南主要农作物芝麻开的花，取其寓意"芝麻开花节节高"，表达了人们对于美好生活的期盼，希望日子节节升高，越来越红火。芝麻花纹的图案介于抽象与具体之间，芝麻花的白色点状图案，以芝麻秸秆为中心对称分布，上下延展，远看好比田里开满了白色花的芝麻秸（图12—7）。

---

① 陈澄泉、宋浩杰：《被更乌泾名天下黄道婆文化国际研讨会论文集》，上海古籍出版社2007年版，第414页。

图 12—6 猫蹄纹

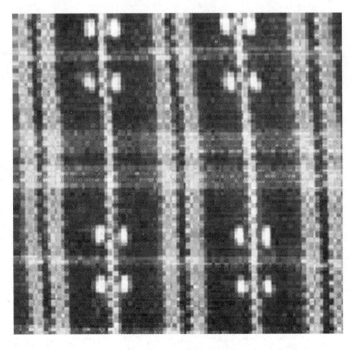

图 12—7 芝麻花纹

合斗纹，以几何图形组成一些"十"字、"井"字之类的图案。"十"字、"井"字，在农耕社会里，表示人们希望生活"十全十美"，拥有好的收成。图案视觉效果好，看着复杂，实则容易织造，是鲁锦图案中使用比较多的纹样，经常搭配其他纹样出现（图12—8）。

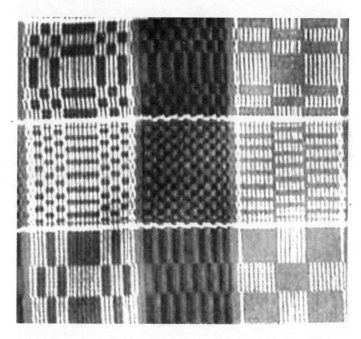

图12—8　合斗纹

满天星纹，是以浓重色调的合斗花纹构成"八盘八碗"的图案，以清淡明亮的蓝白二色交织出闪耀的星星，用来表现当地婚嫁宴席的热闹景象。人们想与星星同庆，从天亮到天黑，以此来表示婚宴持续的时间非常长。这个图案记录了当地人热情豪爽的性格以及为了讨个吉利以"八"为上菜单位的风俗特点（图12—9）。

窗户楞纹，是一种用多种色纱交织出的纹样，织出了太阳的光辉、星星的闪耀、纱灯的光影。当地流传着一句关于它的歌谣：清早的太阳，哼黑的星，窗户楞上挂纱灯。从中我们可以体会到农家儿女日出而作、日落而息的忙碌生活，还隐含着织锦人从清晨到深夜的劳苦之情，同时也表现了他们对未来的期盼，以及对美好事物的追求（图12—10）。

图 12—9　满天星纹

图 12—10　窗户楞纹

斗纹，也叫灯笼纹。该图案造型变化最多，基本图案是由全封闭的一圈圈菱形纹排列组合而成，根据菱形纹的大小以及排列方式的不同又可以组成多种造型的斗纹。如一个个较小的菱形纹紧密排列所组成的图案称之为小斗纹，将一个菱形纹扩大进行排列就称之为大斗纹，也叫灯笼花纹（图12—11）。

图12—11 斗纹（也叫灯笼纹）

水纹、狗牙纹，这两种图案造型类似，都是模仿生活中自然状态水的造型以及狗的牙齿啃咬后留下的印迹。水纹、狗牙纹以多组重叠锯齿长条状来表现水纹和狗牙纹的形态特点，以长条状构图形式出现。当地人之所以喜爱这种图案，是因为他们认为水象征着长年不断、长长久久。因此在许多鲁锦纹中都会出现长条状的水纹（图12—12）。

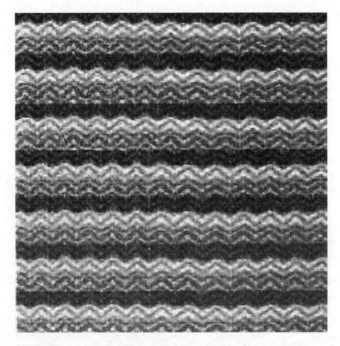

图 12—12　水纹、狗牙纹

图 12—13　迷魂阵

　　"难死人，迷魂阵"这类的图案非常有趣，从名字上就能看出其难度指数。① 纹样中间织有跳线的花纹，组成八角形，由于连续跳线的织造技艺难度比较大，从而得名"难死人"。还有一种说法来源于八卦阵思想，鄄城是战国著名军事家孙膑的故乡，他曾经提出"因地之利，用八阵之宜"的策略，巧妙地利用自己的优势，借机打击敌人（图12—13）。

　　鲁锦作为一种非物质文化遗产，色彩和图案蕴含了浓郁的乡土气息和鲜明的地方特色，体现了齐鲁人民的表现力和创造力。鲁锦的纹样充满了丰富多彩的吉祥欢庆的民俗寓意，表达了齐鲁人民热爱生活、爽朗豁达的性格特征。

---

　　① 李新华：《齐鲁工艺史话》，山东文艺出版社 2004 年版，第 96 页。

第十三章　齐鲁民间蓝印花布

第一节　齐鲁民间蓝印花布溯源

　　齐鲁地区民间蓝印花布的历史源远流长，早在春秋时期，齐国官书《考工记》中就有"青与白相次也"的记载。荀子在兰陵（今山东临沂）为官时，有感于现实中种蓝、染蓝的见闻，留下了千古传诵的名句："青，取之于蓝，而青于蓝。"另外，北魏贾思勰（山东益都人）所著的《齐民要术·种蓝》还专门记述了从蓝草中提蓝靛的方法："七月中作坑，令受百许束……还出瓮中，蓝靛成矣。"据考，这是世界上最早的关于制蓝靛的工艺记载。南宋以后，蓝印花布在齐鲁民间广泛流行，至清代仍十分盛行。据《山东通志》载，自1880年德国人拜耳人工合成了靛蓝，1901年德国人波恩创制成"阴丹士林"染料之后，我国许多地方改用洋靛染布，齐鲁地区的蓝印业逐渐衰落。

第二节　齐鲁地区民间蓝印花布的制作工艺

　　齐鲁民间蓝印花布，全凭人工手纺、手织、手染而成，制作一块蓝印花布首先要用纸刻制一块模版，模版的图案全凭手工镂刻，每幅刻好的纸版都像是一个剪纸作品，纸版镂空后，经过刷桐油加固就制成了模版。制作蓝印花布最常见的手艺就是刮浆，也就是把布上不需要染色的部分涂上防染浆，防染浆是用黄豆粉和石灰按照一定的比例调制而成，把刻好的花版放在白布上，透过花版将灰浆刮在布上。然后把布放在阴凉处晾着，晾干后，投入缸内染色，那时候家家户户都有染缸，房前屋后都会种植兰草，染制蓝印花布可以根据自己的喜好，颜色浅的染一两次就行，要想达到深蓝色就需要经过七八次反复氧化染色。染好的布晾干后刮去表面的防染浆，密封处露出白布本色就制成了色彩分明的蓝印花布。

第三节 齐鲁民间蓝印花布的花纹素材

齐鲁民间蓝印花布的取材比较广泛，常见的齐鲁民间蓝印花布的花纹素材，有具象的植物、动物、人物、器物、建筑物，也有抽象的几何纹和吉祥文字，共计7类140余种（图13—1至图13—5）。①

植物类：梅花、牡丹、荷花、菊花、枣花、海棠、水仙、兰花、绣球花、桃花、茉莉骨朵、山茶花、玫瑰花、甜瓜花、韭菜花、桂花、葵花、菱花、石榴花、石竹花、卷草、灵芝、水藻；葡萄、石榴、桃子、佛手、莲藕、杏子、樱桃、柿蒂、海棠果、天竹子、瓜、葫芦、茄子、辣椒、白菜、荷叶、藤蔓、竹子、松树等。

图13—1 蝴蝶盘长花布

---

① 叶又新：《山东民间蓝印花布》，山东美术出版社1986年版，第39、44、55、74页。

图 13—2 冰盘菊、扇面菊褥心

图 13—3 冰盘菊（烧饼花）花布

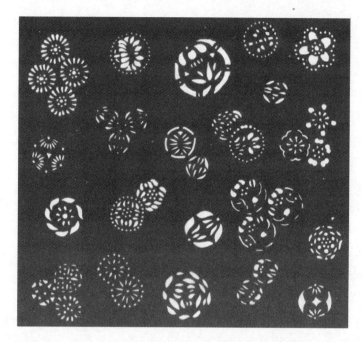

图 13—4　皮球花布

图 13—5　缠枝石榴团花布

动物类：凤、鹤、孔雀、鸽、鹭鸶、黄莺、白头翁、公鸡、雀、燕、鸳鸯；麒麟、狮子、鹿、猴、蝙蝠、艾虎、猫、松鼠；鲤鱼、金鱼、龙；蜘蛛、蛾子、蜂、蜻蜓、蜈蚣、壁虎、蛤蟆、蛇、蝎等。

人物类：儿童。

器物类：果篮、花瓶、琴、棋、书、画、绣球、古钱、宝珠、金钱、拍板、扇子、花篮、渔鼓、笛、剑、戟、荷包、流苏、花灯、秋虫笼子、长命锁、花砖、皮球花等。

建筑物类：龙门。

几何纹类：鱼子、珠子、三瓣花、猫蹄花（又名七点梅）、大猫蹄花、画眉眼、鱼眼、弧线、环纹、鱼鳞、太阳、月牙、波纹、云头、绳纹、旋花、鸡心、盘长、直线、冰裂纹、三角纹、龟背纹、方块、五角纹、回纹、方胜、斜九点、八角、十字等。

吉祥文字类：福、寿、王、双喜、长命富贵。

齐鲁蓝印花布花纹大多选取植物和动物素材，极少采用人物和建筑物素材，其主要原因是多数植物、动物花纹不太受倒置的影响，既可用于衣服和装饰花布通用的匹料，也可用于专作门帘、包袱、褥面等装饰花布的件料；而人物和建筑物则不宜倒置，只能专用于极少几种件料上，例如"麒麟送子褥面"、"连年有余兜肚"、"鲤鱼跳龙门包袱"等。①

第四节　齐鲁民间蓝印花布的艺术特征

一　构成纹样的斑点美

齐鲁民间蓝印花布多是单版印花，只能用斑点间歇地构成花纹，在技术上是一种局限，但花版艺人在这种局限下却创造出了独特的斑点美。用两张花版盖印的蓝印花布和用单版一遍印成的蓝地白花布相比，艺术风格是不同的。以两幅"松鼠葡萄花布"为例：上幅是双版盖印的白地蓝花，用阳纹的面和线表现主纹，而以阴纹斑点修饰细部，线与面有互相连接的，也有互相分离的，运笔自然，绘画性较强，色调明

---

① 叶又新：《山东民间蓝印花布》，山东美术出版社1986年版，第13页。

朗，近似青花白瓷的效果。下幅单版印的蓝地白花，虽然题材、纹样、构图与上幅相同，但由于受刻纸法则的制约，整幅花版的蓝地部分必须类似网络那样连接成为整体，漏印白花的空隙则犹如网眼，必须互相分离，所以把上幅用阳纹块面和实线表现的松鼠、葡萄、花卉改用阴纹斑点和虚线表现，寓自然于规矩之中，装饰味较浓；焦蓝的地色把雪白的斑点衬托得格外清爽，宛若飘翔于晴空的浮云和白鹭、嵌满蓝天的星星和月亮。①

齐鲁民间蓝印花布艺人局限中创造出了各种形状的斑点：圆点、半圆、鱼鳞、月牙、枣核、瓜子、竹叶、鸡心、蟹爪、兰花瓣、鸡冠、蝌蚪、断线（短直线和短曲线）、折线、钉头、三角、菱形、柿蒂、蜂房、十字、雀爪、马钗以及其他不规则的短线和小块。这些斑点既便于镂刻，又具有各自的形式美和表现力。例如用铳子（圆眼刻刀）铳出来的圆点像大珠小珠，可以组成七点梅、斜九点等小花；连成虚线勾画物象的轮廓；铺成密集的鱼子地纹提高蓝地的明度，又如用弧口刀凿出的长短尖瓣，状如枣核，常用于构成放射形团菊。民间艺人娴熟地运用这些斑点，巧妙地排列出各种节奏和韵律，刻画出富有变化的视觉形象。由于刻版艺人不同，同样的形，分别采取了不尽相同的斑点组成，形式感就有了区别。齐鲁蓝印花布的艺术风格，总的说来，古代的多小点花，近代的受上海花布影响，流行大点花，这与灵活运用斑点的手法有关。虽也偶见单版印的白地蓝花，但白地仍被间隔成不规整的大小斑点，与双版印的大片白地大异其趣。②

二　齐鲁民间蓝印花布的色彩特征

齐鲁民间蓝印花布有蓝底白花和白底蓝花两种风格，蓝底白花色调暗，白底蓝花色调明快。齐鲁蓝印花布一般为蓝底白花，蓝色所占比例较大，白色花纹所占比例较小，整体感觉沉着而古雅。齐鲁民间蓝印花布所用的染料是从蓝靛草中提取，染出的布料即使洗过多次，其色彩依然清新古雅。

---

① 叶又新：《山东民间蓝印花布》，山东美术出版社 1986 年版，第 30 页。
② 同上。

第十四章　齐鲁民间彩印花布

第一节　齐鲁民间彩印花布溯源

齐鲁民间印染技艺源远流长，早在秦汉时期就有记载，历代相传，至明清时期尤为繁盛。19 世纪中叶以后，齐鲁地区的染坊仍处于手工业状态，王文蔚在《山东印染工业的历史沿革》一文中描述："山东省在清末与民初间，城市及乡村只有手工染坊。有的专染深蓝、浅蓝布，有的专染大红和桃红，而昌邑、潍县乡间，还有许多专染红、绿、青、黄、紫等杂色染坊。"1911 年编写的《山东通志》中有"花被面出平原、禹城、菏泽、范县、滨州、济宁、汶上"的记载，系指民间印染花布。20 世纪初，齐鲁地区开始用机器纺织和印染，从而使传统的棉纺印染日趋衰落。但手工印染的土布厚实、经济美观，仍适合农民的消费传统，在偏僻的农村还存在一定的市场。至今仍在偏僻农村生产的齐鲁地区民间印染花布，就是齐鲁地区传统手工彩印技艺的延续。

第二节　齐鲁民间彩印花布工艺

齐鲁民间彩印花布多为成品的大包袱、小包袱、桌围、帐檐和儿童肚兜等，一般采用镂空纸版印花的方法，主要经过打版、画版、刻版、调色、染布等五道工序。[①]

打版，最初一般用毛边纸、水泥袋子纸等韧性较强的质料，现在多用绘图纸。将纸裁好后在清水里浸透，直到纸上没有皱褶。然后，取出

---

① 鲍家虎：《山东民间彩印花布》，山东美术出版社 1986 年版，第 7 页。

放在竹竿上晾干至纸潮湿时，取下并贴到案子上弄平，不能有气泡，否则刷糨糊时，纸板会起皱，制成的版不平整，染色时容易洇色。晾好纸后，开始"打糨子"，即用白面加凉水，在炉子上熬，熬制时要在水中放一点白矾，起到润滑糨糊的作用。将熬好的糨糊刷到晾好的纸板上，在其上对齐再覆盖一层。一般说来，每张版是三四层纸板黏合而成。大约三四天之后，把纸板戗下来绘制图案，并进行镂刻。刻完之后用滑石打磨掉纸板的毛刺。然后，在刻好图案的纸板上反复刷桐油，一般是先刷一层生油，再刷三到四层熟油。所谓熟桐油，是指在铜油里掺上不长刺的槐树新枝，放在火上熬制而成。熬制时，树枝流出黄颜色的汁，使熟油浸染的颜色较为鲜亮。刷生桐油时，要保证纸板全部浸油。待刷完生油的纸板完全晾干后，才能刷熟桐油。刷熟桐油的目的是防止制成的纸板进水，几次刷熟油的间隔一般为三到四天。

彩印花布版的制作，关键在于刻版。镂刻的工具大多是自制的，一套完整的刻版工具约有不同形状的几十把刀具及锥子、尺子、砧木等辅助工具。常用的刀具大致有尺寸各不相同的筒刀、半圆刀（圆弧刀）、斜刃刀，砧木多用苹果木或柳木等质地较软的木料，以保护刀刃。这些看似简易的工具，在艺人手里却总能自如地创造出最美的图画。艺人用自制刻刀以刀代笔，进行镂刻，镂刻分刻面、刻线、刻点等不同手法。刻面主要采用断刀法表现大块图案；刻线要刻得流畅、通顺；刻点一般用自制的工具筒刀，点一般在图案中起装饰作用。

彩印花布图案多由大红、品红、玫红、品绿、姜黄和紫色等多种颜色组合而成，漏印时每种颜色都需要一张单独的版，所以每个彩印花布的图案都有四到六张版。复杂的颜色，刻版的工序更为复杂。俗话说"眼精不如手精，手精不如常摆弄"，解决此类工艺难题，民间艺人都有自己的方法。为了在雕刻过程中不至于混淆不同颜色的图案，艺人在正式刻版以前画出母版，作为雕刻过程中的参照。雕刻时，把母版和所刻的纸版叠起来，四角扎眼，用较为强韧的纸捻固定住。对于尺寸较大的图案，一般是先刻一个单元版，在印刷时，通过接版连成一个整体，在接版的时候，要注意找准图案连接的地方，否则在布上很容易出现接头。

齐鲁民间彩印花布讲求色彩纯正，对比鲜明，这关键在于调色。现在，染印花布多用矿物颜料，以红、绿为主色调，常用的颜色是黑绿、草绿、大红、桃红。但单纯的黑绿颜色太暗，所以艺人用的颜色多是根据自己的经验配制的。以草绿色为例，它是由黑绿加黄配制而成。在容器中加一小勺黑绿色，以开水冲泡，掺入一点黄色，边加黄色边在废布上试，"绿不绿，黄不足"，直到废布上画出的颜色绿中泛蓝为佳。为了增强颜色的稳定性，通常在配色过程中，要加入一定量熬开的水胶。调好颜色以后，按次序分别将纸板铺在白布上，漏印不同的颜色，直到将图案印完。

染布的过程注意颜色的先后，一般的顺序是：第一层绿，第二层桃红，第三层黄绿，第四层大红。第一二层颜色的顺序不能乱，因为绿色是整个图案的轮廓，有定稿的作用，先染绿色，再染其他颜色时对版较为容易。把桃红色作为第二层，因为它干得比较快，颜色不会洇，比较容易控制。掌握好这两个颜色，其他颜色的顺序依照个人习惯印染。

第三节 齐鲁民间彩印花布的艺术特征

一 齐鲁民间彩印花布的色彩特征

色彩作为一切艺术形式最直观的特征，源于自然，反映生活。传统色彩是民族特有的具有地域文化意味的重要元素，是民族自然、社会、审美心理历史积淀的结果，色彩的视觉含义中始终包含着复杂的文化观念。红红绿绿的色彩不仅是齐鲁民间彩印花布的色彩特征，也是整个民间美术的色彩特点，它给人以强烈的视觉冲击和积极热烈的视觉观感，色彩于浓艳中见深沉，这种色彩同时是吉祥、喜庆的象征，它和人们纳福招财、宜子宜寿、避害祛疫等基本生活需要和世俗意愿交织重叠。

色彩的配搭是齐鲁民间彩印花布的灵魂，彩印花布艳丽多彩，层次丰富，在用色上讲求"七红八绿十二蓝"，彩印花布主要以翠绿、大红、桃红、紫、黄等色套印，后来被作坊的师傅们融入了橘红、蓝、水绿、黑等颜色，使彩印花布的颜色更加丰富了。在用色上全部采用纯色，主要讲究色相的变化，有同一色相的渐变渐退，又有对比色的对应均衡，也有多种色调的组合，通过不同色调的组合，以及同一色调的分离来表现图案的内容，使形与色相得益彰。

　　齐鲁民间彩印花布在工艺上采用多版套印，一块色彩斑斓的彩印花布最多可达到 16 版套色，套色越多对版的严谨度要求越高。彩印花布的图案讲究层次清晰，套色需要百分之百对准，因彩印用的染料覆盖性强，如果对版不精准，颜色就会互相叠加进而变灰变脏，出现彩印花布中最忌讳的颜色——"老驴皮色"（即"脏灰色"）。这种严谨的工艺特点可能是齐鲁民间彩印花布普及和传播滞后的一个原因，但这种工艺恰恰能将构图设色复杂的图案表现到位。例如，彩印艺术家张明建曾与艺术家韩美林合作创作了一些具有现代装饰风格的彩印作品，很好地利用了多版套色的工艺，在粗布上表现抽象分割的现代装饰图案，为传统彩印花布增添了许多的现代趣味，推动了传统彩印花布的创新发展。

二　齐鲁民间彩印花布的纹样特征

1. 齐鲁民间彩印花布的图案构成

　　齐鲁民间彩印花布的图案构成主要有以下特点：首先，在整体把握的基础上，构图时常把主花放在显著的位置上，使主题突出；其次，画面主次分明；第三，图案花纹互相穿插，构图匀称均衡；第四，图案构图饱满，在构成上分为花心图案和花边图案，内容主要由动物、植物和器物构成，在所表现内容里，常将不同时间、空间的物象进行组合。按照图案的结构可以分为单独纹样、适合纹样、连续纹样三大类。手工艺人印染图案时不仅受主观审美感受的影响，还考虑到彩印花布所装饰的对象。彩印花布由单独纹样、适合纹样、二方连续和四方连续这四种图案结构构成。根据彩印花布的用途，通常小包袱、枕顶、桌围、门帘用单独适合纹样；帐檐、褥面用单独纹样并排刷印，构成二方或四方连续图案，并在周围再加印上花边；衣料花布用四方连续的小花图案，被面用四方连续的大花图案；大包袱的图案比较灵活，常把几个不同的纹样进行组合，拼印在一起，还可以用一个单独纹样或并排刷印，或上下对印，或正反对印，或四方旋转等不同的组合方法刷印包袱面，构成不同视觉效果的图案。为了刷印时灵活运用刻版，手工艺人通常把花心图案和花边图案分开刻制，这样可以根据布的面积扩大或缩小。

　　齐鲁民间彩印花布的图案大多是古代传下来的，这些古老花样在经历朝代更替变化后保存下来并形成了丰富多样的图案，多以凤凰、牡丹、莲花、梅、兰、竹、菊、鱼、寿、福等为元素，构成了各种经典的画面，如凤凰戏牡丹、麒麟送子、莲生贵子、洪福牡丹等。如在凤戏牡丹图中，就是以凤凰和牡丹花为元素，一对飞舞的凤凰围绕着一朵俯视的牡丹花，四个角上又各印有一朵牡丹，其中左右两朵牡丹中间有寿桃、石榴和牡丹花，上下牡丹中间印着含苞待放的花骨朵。花边图案以石榴、莲花瓣和牡丹花瓣相互穿插进行装饰。在传统图案的基础上，艺人们通过对工艺的理解和想象，还将老图案进行创新，使齐鲁民间彩印花布焕发出新生命力（图14—1至图14—5）。[①]

图14—1　天女散花（包袱皮）

---

　　① 鲍家虎：《山东民间新印花布》，山东美术出版社1986年版，第12、17、30、49、66页。

图 14—2　连年有余（被面局部）

图 14—3　莲花鸳鸯（包袱）

图 14—4 葫芦（包袱皮）

图 14—5 金鱼闹莲（包袱皮）

2. 齐鲁民间彩印花布的造型特点

齐鲁民间彩印花布在造型上主要采用完全对称和基本对称的形式，整幅画面或上下对称，或左右对称，或上下左右均对称。图案中物体的造型饱满，也惯用对称的形式，体现艺人追求圆满工整的美学思想。彩印的图案继承传统民间造型技巧，运用点、线、面的表现形式组合成装饰图案，构成图案的点、线、面互不连接。点在画面中起装饰点缀的作用；线是最有表现力的造型元素，可以通过不同的排列方式组合成不同的效果；面的表现形式是齐鲁民间彩印花布最常用的，没有浓淡变化的单色，均匀地绘制在织物上，表现的两度空间既简洁又单纯。在齐鲁民间彩印花布的造型中，花心图案主要采用面的形式，大大小小形状不同的色块组成物体的形状，并辅以短线和点进行装饰，使画面更加丰富多彩。

三 齐鲁民间彩印花布的寓意特征

齐鲁民间彩印花布艺术根植于民间，生长于民间，朴实的图案、强烈的色彩体现着人们的勤劳、乐观、聪慧，显示了人们自然、圆满的美学追求。齐鲁民间彩印花布兼具实用功能和审美功能，过去在百姓生活中的用途很广，深得群众喜爱。彩印花布题材多选用花卉果蔬、鸟兽虫鱼、戏剧人物、吉祥故事传说和历史故事传说，图案带有明显的谐音和寓意，追求图必有意、意必吉祥，这些吉祥纹样直接或间接地反映了人们的心理状态和审美情趣。老百姓祈求一年到头丰衣足食、平平安安，希望新人婚姻幸福、家庭和睦、富贵吉祥，孩子长命百岁，老人福寿双全、儿孙满堂，这些朴素的理想和美好的愿望便化为吉祥如意的图案，以彩印花布为表现形式，反映出人民对幸福生活的向往与追求。

第十五章　鲁绣

第一节　鲁绣溯源

鲁绣是历史文献中记载最早的绣种，其源头至迟可以追溯到春秋战国时期。《国语·齐语》载："陈妾数百，食必粱肉，衣必文绣。""文绣"即指刺绣彩色花纹的丝织品或服饰。《晏子春秋·外篇》载："景公赏赐及后宫，文绣披台榭。"[①] 这些都说明当时齐鲁大地鲁绣的兴盛。秦汉时期，鲁绣被广泛应用，汉代统治者还在刺绣工艺高度发展的地区专门为刺绣设置"服官"，《汉书》载："齐三服官作工各数千人，一岁费数巨万。"[②] 在民间，除家庭妇女自绣自用日用服饰品外，各大中城市均有刺绣作坊，招雇专业艺人制作绣品出售。东汉王充《论衡》载："齐郡世刺绣，恒女无不能"，[③] 足见汉代鲁绣的繁荣昌盛。魏晋南北朝时期，社会的不稳定在一定程度上影响了鲁绣的发展。隋唐时期，鲁绣分化为实用绣和观赏绣两类。唐代后期，我国北方连年战乱，北方汉族人民大量南迁，鲁绣工艺被带到南方并融入南方刺绣，促进了鲁绣与其他绣种的融合。宋代，有关鲁绣的文献记载和出土实物甚少。元代，鲁绣有较大发展，1975 年山东邹县元代李裕庵墓出土的鲁绣服饰反映出当时鲁绣高超的工艺水平。明清两代，鲁绣达到全盛时期，故宫博物院及山东各地博物馆所藏的鲁绣服饰能让我们感受鲁绣独特的艺术魅力。[④] 清末，欧洲抽纱和刺绣工艺传入中国，传统鲁绣与西方工艺相结

① 李新泰：《齐文化大观》，中共中央党校出版社 1992 年版，第 291 页。
② 转引自齐涛《丝绸之路探源》，齐鲁书社 1992 年版，第 164 页。
③ 转引自黄云生《王充教育思想论》，复文图书出版社 1985 年版，第 124 页。
④ 李群：《传统技艺》，山东友谊出版社 2008 年版，第 137 页。

合，出现了现代创新鲁绣。现代创新鲁绣在吸收传统鲁绣精髓的同时，形成了不同于传统鲁绣的新风格。

第二节 鲁绣工艺

一 鲁绣的工艺过程

鲁绣主要是以丝绸面料为绣地，根据画面设计的需要采用传统针法进行刺绣的一种工艺，它具有一定的审美价值，同时还有一定的实用功能。其工艺过程如下：

1. 制作工具准备

在进行刺绣之前，首先要把工具准备好，所需的工具主要有绣绷、绣架、绣剪、绣针、顶针和针锥。

2. 材料配备

鲁绣所需的材料主要有绣线、绣布和刺绣辅料。

3. 设计绣稿

绣稿的设计要考虑到工艺特点，尽量减少"绣工"（即刺绣所用的工时），绣样图案尽量简练概括。选择绣稿应以适于表现刺绣的特色及工艺为条件，例如表现欣赏性的鲁绣时，一般选取中国画为题材，也有选取油画的，在作为绣稿前，一般先把画稿改为工笔重彩画；民间的刺绣，主要选用有象征意义的花鸟虫鱼为稿子。

4. 上绷

把绣地布料四周缝上布条，用绳拉紧、拉平，固定在绷架上，要注意绣料经纬平直，防止落稿后，物象变形。

5. 描稿

将画稿描画在绣地布料上，注意绣料经纬线的平直。

6. 选线

绣线的选择要考虑到设计绣稿的需要。根据设计分析画稿的色彩所提供的色标选线。

7. 刺绣制作

根据绣稿的要求，用选择好的绣线，运用各种针法进行刺绣。注意针法运用、色彩搭配、传神神态、细致性格。用色线的绣花针，右手在上插针，在下拉线。右手中指勾线，食指与拇指向前逼线，形成45度的坡度。操作时左右手要配合默契，画面效果均匀、整齐、饱和。

8. 整理

绣品绣完后即卸绷，如沾有浮尘应该消除，用熨斗熨平，刮浆固定背面针角。如果是欣赏性绣品，再进行装裱和上框等工序。

二　鲁绣针法

鲁绣独特的艺术风格取决于其精湛独特的工艺手法。传统鲁绣针法灵活多样，并善于综合运用多种针法，具有质朴豪放、粗中见秀的审美特点。[①] 鲁绣针法主要包括：齐针、套针、网绣、打籽、钉线、辫子股针、抢针、缠针、滚针、接针等针法，其中最常用且独具特色的是齐针、套针、网绣、打籽及钉线等针法。

1. 齐针

齐针，又叫"直针"、"平针"，是我国传统刺绣针法中最古老的一种，也是各种刺绣针法的基础。具体做法是：将绣线平直排列，组成块面，每一针的起落点均在纹界的边缘，不能重叠，不能露地，力求面平边齐。齐针虽是我国多数绣种的基本针法，但鲁绣对齐针的运用却有独到之处。鲁绣的齐针特别重视"留水路"，这是其他地方的刺绣技艺中少有的。水路，是一种为了在绣品里强调装饰效果的处理手法。在纹样重叠或相连之处，空出一线的绣地，这里就称为水路。水路要空得整齐、均匀、流畅，一条整齐的水路就像国画中的勾边，能增强绣面的质感和装饰效果。例如，清代鲁绣肚兜上的《蝶恋花图》，即以"留水路"为主要特点。该绣品以赭石色净面绸料为绣地，以齐针为主要手法，将花、蝶等物象分成由深到浅或由浅到深的若干色阶，用3—5种深浅不同的色线绣出晕染自如的色彩效果，在色阶之间留出"水路"，使纹样纹理分明，轮廓清晰。鲁绣善留"水路"的手法，既突出了纹样的主要特征，又使画面层次分明，统一而富有变化（图15—1、图15—2）。

---

① （清）沈寿：《雪宧绣谱》，重庆出版社2010年版，第156页。

图 15—1　清代鲁绣《蝶恋花图》

图 15—2　色阶之间留 "水路"

2. 套针

套针，是鲁绣最常用的针法之一，其特点是线条高低参差排列，分皮进行，皮皮相叠，针针相嵌，善于表现物象的丝理转折，也易于和色。套针有单套、双套两种基本针法，常用于绣花卉、禽鸟、走兽等。单套针针脚长，用线较粗，丝理难圆转，晕染颜色不易和顺；双套针针脚短，用线较细，丝理及和色都易达到圆转和顺的效果。鲁绣中单套针用得多，且刺绣效果与其他绣种不同。鲁绣用夸张的手法将单套针难以圆转和顺的缺点强化并转化成自身的特色。鲁绣的单套针针脚长、针迹外露，并用对比色处理每一皮之间的色彩关系，整个画面清晰、响亮，所绣物象饱满大方、装饰性强，充分彰显出齐鲁人质朴、豪爽的性格。例如，清代鲁绣肚兜《石榴赛牡丹图》中，牡丹花瓣主要运用单套针，直线条、块面化的处理给人以硬朗的节奏美感。为了更直观地解读鲁绣单套针的独特之处，可与苏绣套针进行比较。苏绣套针绣《狮子图》中，针脚短而细密，色彩讲究渐变和晕色，在转折处更是追求不露针脚的自然过渡，通过色彩的空间混合达到逼真的效果，其风格与鲁绣形成了鲜明对比（图15—3、图15—4）。

图15—3　清代鲁绣《石榴赛牡丹图》

图 15—4　苏绣《狮子图》

3. 网绣

网绣，是根据物象的特点，以各种色线巧妙地相互牵连，结成网状图案的针法，是传统鲁绣刺绣有鳞之物的常用针法。具体方法是：先打格线，自纹样边沿起针、边沿落针，横竖交叉成小方格。再打斜线，仍为边起边落，与直线成45度角。最后在每个小格内部刺绣短直线，最终呈现网状效果。鲁绣的网绣针法灵活多变，图案清晰典丽，具有浓郁的装饰味。在苏绣、湘绣、苗族刺绣中也有网绣工艺，但风格不同。苏绣的针法细腻，讲求逼真的质感，而湘绣的针法则相对简单质朴。例如，清末鲁绣肚兜《连年有余图》中，鱼身的左右两侧即为网绣针法，先用横、直、斜三种不同方向的线条搭成菱形之后，再在各小单位中加绣短线，形成几何形内的色彩渐变效果，图案清晰醒目，装饰效果独特。另外，在荷叶、荷花、鱼尾等处也运用不同的网绣针法，上下左右形成呼应，给人整体协调的美感（图 15—5）。

图 15—5　清代鲁绣《连年有余图》

图 15—6　清代鲁绣《凤凰牡丹图》局部

4. 打籽绣

打籽绣，又称环籽绣、结子绣，是鲁绣的传统针法。打籽绣也是鲁绣运用比较独特的一种针法，常用来绣花心或花蕊柱头。此针法的特点是立体感强，经久耐磨。此种针法要配合较大号的针及整根的加捻丝线。针自下而上穿出绣地后，随即用针芒绕线一圈，形成一个线环，针在线环边上穿出后，便落针将其固定。线环就是籽，使籽固定不动即是打。绣线必须捻得均匀，起针、落针的力道也必须一致，否则力道重的籽就会大，而力道轻的籽就小。打出的籽要均匀、紧密，颗粒饱满圆润，轮廓清晰且不能露出绣地。例如，清代鲁绣《凤凰牡丹图》中，牡丹花蕊即采用打籽针，其针法简练、绣纹兀立厚重、光彩耀眼，凸显出鲁绣粗犷豪放、质地坚实的特色（图15—6）。

5. 钉线绣

把绣线钉固在地料上构成纹样，即为钉线绣。具体做法是：先用较粗的线或丝织带铺排纹样，并用较细的加捻丝线将绣线或织带钉住。常用的钉线方法有明钉和暗钉两种，前者针迹暴露在线梗上，后者则隐藏于线梗中。鲁绣中钉线绣的使用频率很高，通常花梗、树干都会用到。

图15—7　清代鲁绣《风尘三侠图》

鲁绣铺排纹样的线通常粗而松散，不加捻，用来钉固纹样的绣线通常为加捻的双股细丝线，铺线与钉固线粗细对比，松紧对比，针迹暴露在线梗上且常用对比色凸显出来。例如，清末鲁绣《风尘三侠图》中，钉线绣是塑造形象的主要手法，绣法虽简单，但能使花纹明暗分明，轮廓突出、形象生动，显示出鲁绣粗中见细的特点（图15—7）。

第三节　鲁绣的艺术特征

鲁绣工艺博采传统各大名绣之长，而又独具一格。作为我国悠久刺绣文化的重要组成部分，鲁绣的特点在于主要采用双合股不破劈的衣线作为绣线，具有花纹苍劲、质地坚牢、丰厚拙朴的地方风格，而且大都采用同色暗花菱纹绸和绢作绣料，制作出的绣品色彩浓丽，色调对比强烈。其针法众多，平针、编、结、纳锦、盘金等手法形成了自己独具一格的针法体系。整体上来说，鲁绣以粗放为主，精细为辅，不追求绘画效果的酷似，注重工艺性和装饰性，反映美好的人生追求和理想，具有典型的齐鲁民间风格，从清代及民国时期的刺绣服饰中我们可以较充分地领略鲁绣的风采（图15—8 至图15—38）。

图15—8　鲁绣肚兜（鱼龙戏水）

图 15—9 鲁绣肚兜（花鸟）

图 15—10 鲁绣肚兜（牡丹）

图 15—11　鲁绣肚兜（刘海戏金蟾）

图 15—12　鲁绣肚兜（长命富贵）

图 15—13 鲁绣肚兜（喜鹊牡丹）

图 15—14 鲁绣肚兜（麒麟送子）

图15—15 鲁绣肚兜（凤戏牡丹）

图15—16 鲁绣肚兜（连年有余）

图 15—17　鲁绣肚兜（戏曲人物）

图 15—18　鲁绣枕顶（人物）

图 15—19 鲁绣枕顶（花鸟）

图 15—20 鲁绣鞋垫

图 15—21　鲁绣荷包

图 15—22　鲁绣枕顶（文字）

图 15—23 鲁绣云肩 1

图 15—24 鲁绣云肩 2

图 15—25　鲁绣云肩 3

图 15—26　鲁绣门帘 1

图 15—27　鲁绣门帘 2

图 15—28　鲁绣门帘 3　　　　　图 15—29　鲁绣门帘 4

图 15—30　鲁绣蓝色上衣

图 15—31　鲁绣黑色上衣

图 15—32　鲁绣米色上衣

图 15—33　鲁绣红袄

图 15—34　鲁绣袄裙 1

图 15—35　鲁绣袄裙 2

图 15—36　鲁绣袄裙 3

图 15—37　清代鲁绣袄裙 4

图 15—38　清代鲁绣棉衣

　　鲁绣集抽、勒、锁、雕等精华工艺于一身，色彩淡雅、构图优美、虚实适宜、形象逼真。无论是元代李裕庵墓葬中沉睡的绣裙、袖边、鞋面采用的齐鲁传统"衣线绣"，所表现出图案苍劲粗犷、质地坚实牢固，还是存于故宫博物院中的明代作品《文昌出行图》、《芙蓉双鸭图》所表现出的用色鲜明、针法豪放、朴实健美，都向世人展示出鲁绣对比鲜明而不脱离实用的民间艺术风格。

　　古代鲁绣所用的绣线大多是以双股丝线为绣线，俗称"衣线"，故又称"衣线绣"，这是与其他名绣不同之处，衣线用于刺绣充分体现出北方浑厚、古朴的地方风采。其绣品不仅有服饰用品，也有观赏性的仿书画艺术品。鲁绣风格较其他绣种的不同还在于，绣料大多用暗色花菱纹绸和绫绢作底衬。绣法丰富，有割花、插花、补绣、包花、拉花、挑花、纳纱等。针法多样，既有平针、切针、打籽，又有旋针、网绣、缠针、盘金、扎针、套针、接针等针法，以及编、缀、结、打、补、贴等表现手法；在色彩运用方面，色度分量重，块面感强，与底色形成较强的对比调和效果。选取民间喜闻乐见的人物、鸳鸯、蝴蝶和芙蓉花等内容，集抽、勒、锁、雕等精华工艺于一身、色彩雅致、构图优美、虚实适宜、形象逼真，具有浓厚的民间习俗，其总体风格以粗放为主，精细为辅，工艺性、装饰性极强。

　　齐鲁文化的绵远悠长，赋予鲁绣浓郁的地方特色和丰富的人文内涵。鲁绣独特的艺术风格是齐鲁地域人文内涵和齐鲁人豪爽、敦厚、含蓄、朴实等性格的直接体现。任何一种文化形态的发展，都与地理性的社会文化环境和自然环境有着密切的联系，从而形成各自的区域性特征。齐鲁是齐鲁文化的发祥地，齐鲁大地深厚的文化底蕴赋予鲁绣独特的人文内涵。齐鲁大地人杰地灵，有着悠久的历史和深厚的文化底蕴，被后世尊崇的五大圣人皆诞生于此，并在这一地域开启了中国儒家文化的先河，这对齐鲁民间刺绣产生了深远影响，使其烙上了深刻的儒家文化印痕。受儒家"倡礼教、成教化、助人伦"等思想的影响，带有忠孝节义等思想内涵的作品在传统鲁绣中比比皆是。近代齐鲁民间妇女秉承儒家文化的精神内涵，依据传说、历史故事等，创作出众多优秀作品，传达儒家的思想观念，使人在观赏作品的同时有所感悟，从而起到潜移默化的教化作用，如《桑园寄子》、《卧冰求鲤》等题材的鲁绣作品都极具儒家文化意味。以大教育家孔子为代表的儒家历来重视教育，读书及第就成为齐鲁民间刺绣表达的内容之一，如《五子登科》、《状元及第》、《蟾宫折桂》等题材，都体现出齐鲁百姓对教育的重视。在古代，封建文人通过著书立说起到宣扬教化的作用，而近代齐鲁妇女则在齐鲁文化的熏陶下，秉承齐鲁人性情豪爽、浑厚朴实的性格，以针代笔、以刺绣代替文字来表达自己的生活理想，寄托美好的心愿，充分彰显出传统鲁绣的独特艺术内涵。

第十六章 齐鲁草编服饰

草编工艺是我国民间广泛流传的一种手工技艺，多用植物的茎、枝、叶、皮等天然材料，经手工结、辫、搓、捻、拧、缠、勾、编、钉、缝、串、盘等几十道工序精工制作成各种生产生活用品。由于原材料资源丰富，草编工艺一般就地取材，所以产品种类繁多、花色各异，形成了各地不同的特点。位于黄河中下游的齐鲁，草编工艺主要采用植物（多是农作物）的皮、秆、茎、叶等为原材料，例如麦草、茅草、柳条、玉米皮、蒲草、苇草等，编制成筐、篓、簸箕、提篮等生产用品，以及服装、门帘、地毯、坐垫等生活用品，另外还有各种动物玩具、家具、壁画、壁挂等装饰品。

草编工艺在形成的原始阶段便是用于人类的衣着方面，在物质材料匮乏的时代，它以随手可得、自身廉价等特点，被先人们广泛应用，如以早期社会遮盖人类裸体的树叶编织；又如走过奴隶社会、封建社会的草鞋。随着时代的发展，这类草编制品渐渐被其他材料制品所取代，与今天最贴近的例子是用麦草编织的儿童服装，在物资匮乏的20世纪60年代还有应用。由于材料本身因素的限制，草编工艺品容易霉变和被虫类咬坏，衣着类产品已经渐渐淡出人们的生活，仅仅以工艺品的形式进行保存。目前，齐鲁的草编服饰主要有草帽、蓑衣、草鞋、包等（图16—1）。①

---

① 李新华：《山东民间艺术志》，山东大学出版社2010年版，第79页。

图 16—1   草编服装

一   草帽

草帽历史悠久，春秋战国时期，已经有用萱麻和蒲草编制的斗笠。草帽工艺多样，图案美观，纹理精巧，具有广泛的审美价值。草帽选料在北方有麦草、高粱秆和玉米皮，在南方有剑麻、棕榈叶、席草、蕉麻等，这些普通低廉的原料可以编织成礼帽、斗笠、太阳帽等多个品种，并随着社会审美思潮的变换而不断更新花样，从原料选用上看，有精致的琅琊草帽，也有朴素的麻帽，还有丰富多彩的麦草帽。齐鲁传统草编工艺中，草帽的产量有较大比重，尤其以莱州地区生产的麦草辫加工成的各式草帽，造型美观大方，鲁南地区以琅琊草为原料生产的草帽也别具特色（图 16—2 至图 16—5）。

图 16—2　草帽 1

图 16—3　草帽 2

图 16—4　草帽 3

图 16—5　草帽 4

二　蓑衣

蓑衣作为民间的防雨雪工具已有悠久的历史，正如诗句云："孤舟蓑笠翁，独钓寒江雪"。目前蓑衣已经基本被新材料制成的雨衣取代，只有极个别农村地区仍旧使用。除了蓑衣外，还有以玉米皮缝制的凉衫为代表。

三　草鞋

草鞋也是历史悠久，其松软而有弹性，防潮防寒性能好。古代穿草鞋相当普遍，不仅平民百姓普遍穿用，连皇帝、侠客们也穿草鞋。从文献和先后出土的西周遗址中的草鞋实物，以及汉墓陶俑脚上着草鞋的画像来看，早在三千多年前的商周时代就已出现草鞋。如前所述，汉代称草鞋为"不借"，《三国志》中记载，刘备早期以编织草鞋谋生。近代时期草鞋仍被广泛应用，第二次国内革命战争及抗日战争时期，红军就有编织草鞋的历史记录。如今蒲草编制的草鞋仍是人们喜爱的草编工艺品之一，有传统的民间冬季穿用的"蒲窝"，还有草类原料与毛巾合制的各式拖鞋和凉鞋。① 齐鲁草鞋编织历史悠久，不过近现代渐趋没落，目前草鞋主要趋于保健品及工艺品方向发展，如鲁南地区用拉菲草编织的草鞋，式样精美、穿着舒适，无论从艺术或实用角度均具有较高的价值（图16—6至图16—8）。

图16—6　草鞋1

---

① 王复兴：《山东土特产大全》，济南出版社1989年版，第108页。

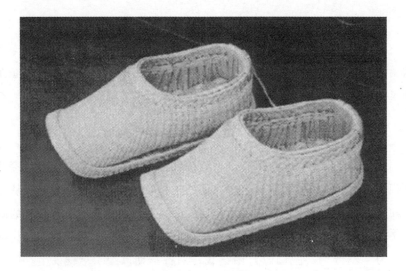

图 16—7　草鞋 2

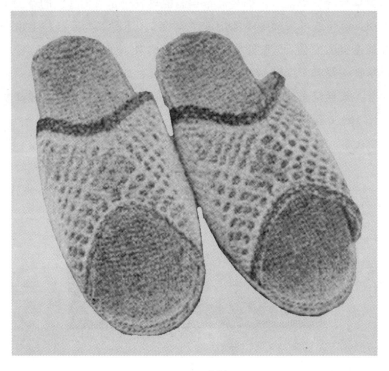

图 16—8　草鞋 3

四　草编包

草编包的种类很多，主要包括：时尚挎包、双肩背包、小钱包、化装包等（图16—9至图16—14）。

图16—9　草编包1

图16—10　草编包2

图 16—11 草编包 3

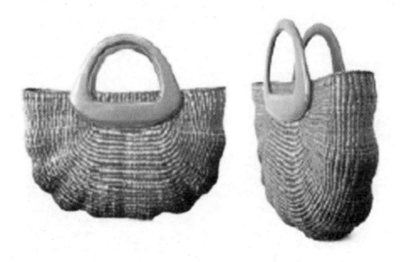

图 16—12 草编包 4

图 16—13 草编包 5

图 16—14 草编包 6

第三篇

齐鲁服饰专题

第十七章　齐鲁服饰与民俗

第一节　儿童服饰与民俗

一　五毒不侵的肚兜

肚兜在我国传统服装中由来已久，早在唐代周昉的《麟趾图》中就有穿肚兜的孩童形象，[①] 肚兜应为内衣贴身穿着，不仅孩子穿着，过去的成年男女也穿着肚兜，只是随着时代的演变，肚兜成了儿童的专属物。在齐鲁地区，新生儿一直到3岁前后都是要穿着肚兜的，在一些农村地区，小孩儿要穿到六七岁，炎热的夏天，肚兜是孩子们最好的服装，光着屁股穿一件肚兜子，既凉快、美观，又能防止肚子着凉。

肚兜通常选用的是红色棉布来做顶料，底料则会选择一些非常轻薄柔软的棉纱布，若是自己家里做的，大人们会选择一些穿过的旧内衣料来做底料，因为这些旧衣服经过多次漂洗已经变得非常柔软，贴近孩子的皮肤再好不过了。齐鲁地区的人们不仅有效地利用了肚兜的实用功能，还赋予了它神奇的护符功能，这一点主要表现在肚兜的色彩图案上。肚兜大多为红色，肚兜的图案非常丰富，如十二生肖等图案。在齐鲁地区至今流行着给孩子穿一种绣有蛇、蝎子、壁虎、蜈蚣、蟾蜍的肚兜，被称为"五毒肚兜子"。所谓五毒主要是讲能以毒攻毒，能解五毒而不生灾气。这显然寄托禳灾求福的心愿，通过避邪压胜的方式来达到躲避灾难的目的。五毒的色彩极为丰富，通常至少要用三种以上的颜色来表现，由于底色为红色，配色上就少不了黄、绿、蓝等对比色调，整体看来色彩丰富亮丽，衬托在孩子幼嫩的皮肤上，虽是五毒之虫，朴拙

---

① 万建中：《中国民俗通志·生养志》，山东教育出版社2005年版，第161页。

的形象，浓郁的色调，却让人忘记了它们的本来面目，而生喜爱之情（图17—1）。

图17—1　儿童五毒肚兜

二　旧衣蕴爱心

从孕育到得子，生活在齐鲁的人们总是忙碌的，为孩子准备衣服是必做的功课，从春夏的单衣到秋冬的夹袄、棉衣、小被褥，定是要精挑细选无或缺的。其中有一种服装是最引人注目的，就是要用小孩穿过的旧衣拆洗后做件衣服穿，当然也有不拆洗直接拿来穿的。

三　百家衣百家爱

百家衣起源于汉朝，穿百家衣是中华民族的一种古老习俗。今天，百家衣仍是齐鲁地区农村儿童常见的服饰，小到两岁，大到五六岁，总是要穿件百家衣，观念朴实的老百姓们认为穿百家衣，吸百家福，尤其是在老辈的观念里穿百家衣长大的孩子好养活。所谓百家衣当然只是种象征，并非真得要从百家中取得，多是从本村中相熟的各家各户中讨得一些面料，剪成相同的形状拼缝而得，然后制成坎肩、长短衣等。齐鲁地区的百家衣较为朴实、简洁。各家得来的面料被剪成相同大小的直角三角形，然后两块对缝成一个正方形，以相近图案、同类色或邻近色相接，形成一块相近的色泽区域。拼接有序而自然，整件衣服看起来少了色彩的跳跃，给人以清淡朴实之感。齐鲁地区的百家衣所用的面料多是经过多次漂洗的旧料，面料柔软而舒适，穿用这样的百家衣不仅具有很强的精神性内涵，其实用性的内容也是不容小觑的。

第二节　节日服饰与民俗

齐鲁人在重要的节日，都要换上新衣，选戴各种各样的配饰，融庆贺、礼仪、信仰于一体。一年当中最重要的节日当数春节。在春节的前一天，也就是年三十，男女老少都要换上新衣以示庆贺。尤其是孩子，新衣更是不可缺少，因为这意味着旧的一年过去了，要以崭新的面貌开始新一年的生活。就算没有条件在这天置办新衣的人，也要在这天尽量穿得干净整齐。所以很多人对春节的印象就是穿新衣，放鞭炮，吃很多好吃的东西。在过去物资缺乏的年代，大家总是盼望春节快点到来，在这一天尽情享受一年的劳动果实。立春时，鲁北、鲁西南妇女用彩布缝制春公鸡、春咕咕、春娃娃等玩具，作为儿童的节日饰物。春公鸡钉在儿童的两只袖子上，以"鸡"谐"吉"，取吉祥之意，以寄寓儿童好好生长。滕县没种牛痘者，必在春公鸡嘴上叼一串"黄豆粒"（几岁叼几粒），象征鸡吃豆，以此来表达小孩能够不生天花的愿望。

二月二日这天要迎喜神。戴帽表示春暖，光头则表示春寒，穿鞋表示多雨，赤脚表示春雨少。并以见到穿红衣、戴红帽、系红巾、提红色包者为吉利。齐鲁地区好以红色为春，认为穿红即可迎回喜神。清明节人们要出游踏青，采来柳枝插在房檐上、妇女头上或儿童衣襟上用来避邪。端午节这天潍坊一带妇女有互赠自绣香荷包的风俗。临清一带每逢端午节给7岁以下儿童穿用羊皮画上"五毒"的"黄布鞋"，说是穿此鞋可以杀"五毒"，驱妖邪。

这些节日服饰风俗在今天有些已经不存在，保留下来的也已经被简化了。尤其在城市，人们生活水平的提高和生活节奏的加快，加速了这些习俗的消失。由于物质生活丰富，日常衣着和饮食能够充分满足人们的需要，所以过节时的新衣便不再那么令人兴奋，变得可有可无。人们对节日的期待更多的是可以放假在家休息。现代社会医疗条件越来越好，人们的健康得到保障，驱病避邪的风俗自然也不再像过去那样被看重。①

第三节　婚丧服饰与民俗

一　婚礼服饰

男子娶亲，俗称"小登科"，清代新郎多有穿官服者。清末民初改为穿长袍马褂，身佩红绸。女子出嫁，按民间"男降女不降"的传说，由明清至民初一直穿明式凤冠霞帔。民间又多不分冬夏出嫁，一律穿红棉袄、红棉裤，用红帕罩首，用彩绣云肩。

二　丧礼服装

老人去世，子孙亲戚易服，俗称"戴孝"。正式的丧服分五等，即斩、齐、大功、小功、缌麻。斩孝最重，用极粗的生麻布缝制，衣缝向外，裳（下衣）缝向内，裳前三幅，后四幅，每幅作三折；齐较斩次一等，形式与斩衰相同，料用生粗布，其次大功、小功、缌麻，衣料一种比一种更细，齐鲁民间孝服各地不一，有布衫、孝袍、孝褂、孝帽、灵冠等。

齐鲁地区广泛流行的戴孝是穿白鞋。淄博、曲阜等地，父母中有一人去世，儿女用白布裱鞋稍稍留口，二老皆亡则裱鞋全白。旁系亲属只用白布裱鞋头。淄博、临沂地方民间戴孝，有在袖口、襟口裱白布条的，也有在帽檐裱白布条的。惠民地方从前还有剪白纸蝴蝶戴襟上表示戴孝的。

---

① 王映雪：《齐鲁特色文化丛书：服饰》，山东友谊出版社 2004 年版，第 111—112 页。

第四节　宗教服饰与民俗

齐鲁地区的宗教服饰主要有僧衣和道衣。僧即和尚，道即道士。僧衣和道衣自出现到发展成形经历了一个比较复杂的过程。时至今日，很多制式已经化繁为简，但这种服饰类型，仍然在齐鲁的寺庙、道观中流传。

一　僧衣

1. 百衲衣

佛教从印度传入中国，于汉魏六朝时逐步扩大影响，游方僧功不可没。游方僧吃百家饭，穿百家衣。僧衣通常为"百衲衣"，亦称"粪扫衣"。按戒律规定，僧尼衣服应用人们遗弃的破碎衣片缝纳而成。其实，佛教盛行后，僧侣地位提高，僧尼衣服已并非如此。

2. 三衣

三衣是僧人所穿的三种衣服的合称：一为"僧伽梨"，意思为大衣、重衣、杂碎衣，用于集会、进入王宫和出入城镇村落时穿着，用9—25条布缝制而成，亦称"九条"或"九品大衣"；二为"郁多罗僧"，意译为上衣、中价衣、七条衣、入众衣，用于礼诵、听讲时穿着，用7条布缝成；三为"安陀会"，意译为五条衣、内衣、中宿衣等，用于日常作业及就寝，用5条布缝成。缝衣时布条须纵横交错，拼作四字形。

3. 五衣

五衣是指僧人所穿的五种衣服，除上面所说的"三衣"外，还有两种：一为"僧祇支"，意译为披腋衣、覆肩衣，其制左开右合，上长过腰，穿时覆于左肩，掩于两腋，兼用于僧人、尼姑；二为"厥修罗"，其制以长方形布帛为之，缝纳两侧，制为筒状，穿时伸入两腿，腰系纽带，专用于尼姑。①

---

① 王映雪：《齐鲁特色文化丛书：服饰》，山东友谊出版社2004年版，第102—103页。

4. 袈裟

袈裟，谓僧衣，是梵文音译，其原意是"不正色"。因为僧人所穿法衣是用"不正色"（杂色）布制成，故就颜色而言，称僧人法衣为袈裟。按照佛教戒律规定，僧服不许用青、黄、赤、白、黑"正五色"（纯色）及绯、红、紫、绿、碧"五间色"，只许用青（铜青）、泥（皂）、木兰（赤而带黑）三色，称为"不正色"。佛教传入中国后，袈裟的质地与颜色有了变化，僧人在说法与举行仪式时，在台上讲经弘法与主持仪式的方丈等高级僧人，多穿金缕织成的袈裟。至于一般僧人的袈裟，当然仍以皂色、黑色为主。

5. 天衣

佛教谓诸天人所着之衣为天衣。在神话传说中，仙女之衣亦称"天衣"。帝王所着之衣极为华美，有时也被人们称之为"天衣"。

佛教传入中国后，逐步中国化。佛像服饰的变化，也反映了这种中国化的趋势。北魏造像服饰的演变，反映了民族风格的进一步发展。北魏时期，通肩式服装逐渐退居次要地位，在吸收外来艺术精华的基础上，出现了具有新特征的斜披式服装。最初佛教僧侣都是祖露右肩的，但是这种光赤着一条膀臂的样子与我国古代习俗不合，所以从北魏起，我国僧侣的服装就有了改进，在肩上半搭偏衫，把裸露的肩部遮住，再到后来逐渐改穿有袖的僧衣。因此，斜披袈裟、肩上半搭偏衫的服饰是具有民族特征的。山东博兴出土的铜佛造像，追求形式严整，强调装饰化。形象秀骨清朗、风神飘逸。山东莱州市出土的北魏铜像，坐佛左肩斜披袈裟式偏衫；济南出土的北朝石像，衣纹线条流畅，显示出北朝晚期的艺术风格。①

二 道衣

道衣也称为道服，指道士所着之衣，源出于本土，多为大襟或对襟式，两袖宽博阔大，历经各个朝代，改变很少。道教中道士的服饰有法衣、褐被和常服的道袍、大衫。

---

① 王映雪：《齐鲁特色文化丛书：服饰》，山东友谊出版社 2004 年版，第 104 页。

1. 法衣

法衣是法师执行拜表、戒期、斋坛时所穿的服装，一般以直领对襟为多，有边缘，垂带。道家的服色有褐、青和绯色，是指法服而言。羽衣与鹤氅是法衣中常见的服式。道教的理想是长生不老，羽化升天。道教称成仙为羽化，取其变化飞升之意。用鸟羽制成的衣服"羽衣"，也就成为道教的仙衣。鹤氅是用鹤的羽毛织成，仙鹤代表长寿，鹤氅是羽衣中的上品，所以身披鹤氅的人，被视为神仙中人。后来作为道士之衣的鹤氅，随着道士人数的增加与自然界鹤类的减少，实际上大多是用织物制成。其形制是披巾，无领，无袖，呈长方形，穿着时以纽扣绾结于颈，式如八卦衣，唯周身绣仙鹤。①

2. 常服

常服即是道袍，为道士平时所穿的大小褂衣，也称为大小衫。道袍大多为交领斜襟。这种外衣和内衣，大致同一般人相似，如道教中的八仙之一吕洞宾，即系青结巾，穿黄道服，皂练，草履，手持棕笠的装束，与普通人差不多。这种道袍一般以葛布制成，故民间俗称为"葛衣"。

3. 黄巾与黄冠

道家的首服为巾与冠。黄巾裹头、身穿长衣、被服纯黄，是道教服饰的主要特点。黄巾起源于汉末太平道首领张角发动的黄巾起义。起义者皆头裹黄巾，以为标志。

4. 道家履制

道家平时穿履，法事时穿舄，舄履用朱色。

僧道的服饰，可视为衣服的异制，它不仅要显示其身份，还要使其具有一定的寓意和神秘色彩。由于僧人和道士不是社会的主流人群，加之其特殊身份，穿着上很少受到外界的影响，所以自僧道服饰发展成型以后，历经各朝各代，直至今天，还保留着古时的外貌。僧道衣着是一种个性衣着，它发展丰富了齐鲁服饰文化的内容。

---

① 王映雪：《齐鲁特色文化丛书：服饰》，山东友谊出版社 2004 年版，第 105 页。

第十八章　齐鲁诸子的服饰思想

第一节　孔子的服饰思想

春秋战国时期，诸子蜂起，百家争鸣，他们纷纷提出不同的服饰主张，鲁国的代表人物孔子的服饰主张可以为我们展现春秋战国时期的鲁国的服饰面貌。孔子十分关注服饰：从款式结构到服色，从制作衣料到穿着态度表情，他都要反复论说并身体力行，以之用于教学过程，用于人际交往，用于品评人物，辨别是非，梳理历史。他从伦理的角度对服饰文化进行了全方位的推究与体验，力图将服饰文化纳入社会伦理框架之中。孔子的服饰观在当时及后世产生了极大的影响。

一　正本清流，灵活圆通

面对着服饰制度礼崩乐坏的种种现状，孔子在不违背大原则的前提下，给予灵活而圆通的解释，使之以崭新的姿态进入具有人文意味的礼制框架之中，这与孔夫子所处的时代特征有关。春秋时期，周天子失去了控制天下的实际权力，诸侯纷起，礼崩乐坏，以《周礼》为代表的传统制度与习俗受到了前所未有的冲击，在服饰上多有僭越。对于服饰领域的逾礼行为，孔子有"是可忍，孰不可忍"的忧虑与愤怒，但在直接面对时却更为冷静和从容。他汲取了鲧禹治水的经验教训，对于种种按僵硬的教条应予以制裁的行为给予变通的解释，凡是在大原则上不违背传统礼仪的前提下，孔子对于服饰种种改制甚至僭越的解说与评判相当灵活，充分表现了实践理性精神的大度与宽容。

孔子着眼服饰的一个立足点，就是将服饰制度与治国平天下联系起来。这自是继承了《周易》、《周礼》等的服饰思想，却更为具体而切实。如《论语》所述，"子夏问为邦，子曰：行夏之时，乘殷之车，服周之冕……"，学生问如何治理国家，回答却是出乎意料的具体事宜。孔子提出实行夏代的历法，夏用自然历，春夏秋冬合乎自然现象，便于农业生产，可谓得天时之正；沿袭殷商的车制，殷车有质朴而狞厉之美；遵从周代冠冕堂皇的服饰制度，质美饰繁，等级规范，富有文采，这不就是"黄帝尧舜垂衣裳而天下治"思想在新时期的具体延伸和落实吗？难怪孔子一往情深地说："周监于二代，郁郁乎文哉，吾从周。"① 意即周代积累和总结了夏商两代的经验成果，礼乐制度多么完美文雅啊，所以要遵循周代。

二　比德思维，衣人合一

如果说《周礼》将垂衣裳治天下的命题创造性地转化为世俗伦理政治的等级服制，那么，在孔子奠定的衣人合一的比德思维模式中，则将《周易》服饰说的神秘命运感与《周礼》僵硬的外在规定融化为内在的情感需求了。虽然《礼记》中有"古之君子必佩玉"、"君子无故玉不去身"之说，但只是泛论而未仔细展开。玉饰，世人或觉其昂贵以炫耀富有，或慕其晶莹以衬映衣物，或尊其珍奇以彰示地位。而在孔子眼中却别有一番境界，他将玉器与人格、人品进行系统的联系比拟。《礼记·聘义》具体论述了孔子论君子比德于玉之义，子贡问孔子："敢问君子贵玉而贱珉者何也？为玉之寡而珉之多欤？"孔子曰："非为珉之多故贱之也，玉之寡故贵之也。夫昔者君子比德于玉焉，温润而泽，仁也；缜密以栗，知也；廉而不刿，义也；垂之如队（坠），礼也；叩之，其声清越以长，其终诎然，乐也；瑕不掩瑜，瑜不掩瑕，忠也；孚尹旁达，信也；气如白虹，天也；精神见于山川，地也；圭璋特达，德也；天下莫不贵者，道也。诗云：言念君子，温其如玉，故君子贵之也。"② 上文的意思是子贡问孔子，请问君子看重玉而轻视珉，是为什么呢？是因为玉少而珉多的缘故吗？孔子说，并非珉多就看轻它，玉少就看重它。从前，君子用玉来比喻人的德行：玉的温和润泽，像

---

① 张志春：《中国服饰文化》，中国纺织出版社 2009 年版，第 125—127 页。

② 转引自孙庆芳《中国石文化》，《中国石文化》杂志社 2003 年版，第 128 页。

仁；质地缜密而纹理清楚，像智；有棱角而不刺伤他物，像义；悬垂如同下坠的样子，像谦卑有礼；敲击它音调清纯悠扬，结束时又戛然而止，像乐；它的瑕疵与美好之处互不掩匿，像忠；色彩外露而不隐藏，像诚；光耀如同白虹，像天；精气显露于山川，像地；圭璋不凭借他物而单独送达主君，像德；天下没有人不看重玉，像道。《诗》说，想念那君子，温润如美玉。所以君子看重玉啊！孔子的这种说法，可以说是当时人们尚玉的美饰心态的概括与剖析。

三　文质彬彬，然后君子

孔子一方面看重并思考盛装美饰的精神性内涵，另一方面又从人品、人格的角度梳理衣人关系，提出了文质互补的美饰原则。文质互补的美饰原则内蕴丰厚，若举其荦荦大者，至少有两个重要命题：

第一，君子正其衣冠。孔子在《论语·尧曰》中直言的君子正其衣冠，不只是一般意义上地认为穿衣戴帽得整整齐齐，以示有文化教养，而是着力强调衣冠的周正本身就是成为君子的起码礼节和必备条件。君子正其衣冠首先意味着重容饰，即外在形式上衣冠端庄周正，符合礼仪规范，才在内蕴上显示为君子。《孔子家语·致思》中说："故君子不可以不学，其容不可以不饰。不饰无类，无类失亲，失亲不忠，不忠失礼，失礼不立。夫远而有光者，饰也；近而愈明者，学也。"① 类似的说法还有"见人不可以不饰。不饰无貌，无貌不敬，不敬无礼，无礼不立"。② 可知孔子对仪容服饰的要求严格到了这种地步，竟毫不犹豫地以直线思维推衍，把服饰的正与不正，看作一个人能不能立足于上流社会的大事。

君子正其衣冠还表现在着装者的自觉意识，即只有君子才能意识着装所含蕴的衣人合一的重要性。因为一定的服饰，代表一定的社会身份，象征着一定的人格品位，因而衣冠不正，君子是引以为耻的。孔子说："志于道，据于德，依于仁，游于艺"，又说："兴于诗，立于礼，成于乐"。礼之所以被看作可操作演练的艺，是因为礼的实行，包含着

---

① 王德明：《孔子家语译注》，广西师范大学出版社 1998 年版，第 82 页。
② （清）王聘珍：《大戴礼记解诂》，中华书局 1983 年版，第 134 页。

仪式、服饰等的安排，以及左右周旋、俯仰、进退等一系列琐细而又严格的规定。孔子对服饰穿着配套上所能起到展示人格理想的作用是颇为重视的，因为这些穿戴技艺并非可有可无的纯形式上的装饰，而是直接与治国齐家平天下的制度、才能、秩序有关的。同时，在孔子看来，服饰本身的形态及其穿着讲究，既是志道、据德、依仁的补足，又是前三者的完成。这颇像黑格尔所说的美是绝对理念的感性显现，服饰在这里也正是以感性的形态显现了孔子所认定的伦理情感的绝对理念。只有自觉地意识到这一点，并在现实中身体力行，甚至作为重要的修炼内容，才能真正在服饰上展示人格，达到"从心所欲不逾矩"的理想境界。

第二，文质合一。孔子提出了一条著名的论断：质胜文则野，文胜质则史，文质彬彬，然后君子。质是内在的资质，包括外在的形体与内在的智慧。文指外在的文饰，古来一般学者认为文指文才，我意其为服饰境界。倘若一个人的资质超过文饰，就显得粗陋、卑俗。若外在的文饰掩匿了资质，则显得呆板僵硬，如史官的文字套式枯涩而没有灵气。只有资质与文饰互补，相得益彰，才是完美的君子风度。作为君子，作为统治者，着装不能太简陋，亦不能太繁缛美饰。从理性精神来衡量，无过无不及自是恰到好处的，这大约就是孔子孜孜以求的理性的服饰理想境地吧。在服饰讲求中体现出来的中庸之美，作为一种亲切的富有情感色彩的理性之美，显示了孔子将服饰作为治国之大业的深刻性。[①]

第二节　孟子的服饰思想

孟子是传承孔子儒学最具影响的人物之一，世称"亚圣"，他提出了关于人格美的服饰思想。孟子人格美的服饰思想是由他以人的美感普遍观点为基础的，以高扬人的道德精神的个性人格美为规定内涵的，并蕴含着社会意义和伦理内容的真、善之美等所构成的服饰美学思想。他这种独树一帜的儒家服饰思想，为继承、丰富和发展中国服饰审美文化奠定了千古难移的深厚根基。孟子人格美的服饰思想，直接继承了孔子以礼乐文化为教化目的的观念，具体、生动地体现了儒家仁学的丰富内

---

① 张志春：《中国服饰文化》（第一卷），中国纺织出版社 2001 年版，第 192 页。

涵。同时，也在某些方面，如他对服饰审美文化中的美感的普遍性的论述，对于服饰审美文化所体现的人的道德精神的人格美等诸问题，都有着孟子服饰思想的独特个性特征。

孟子人格美的服饰思想中的美感的普遍性、共同性问题的提出，首先来自于服饰审美文化与人相适应的普遍性、共同性。关于服饰审美文化的美感的普遍性、共同性，孟子根据他自己的审美实践经验，做出了包含着若干合理因素的回答。其一，孟子用人的感官所具有的普遍性、共同性，即天下人之口、耳、目对于其相适应的对象性存在物的感受，或曰审美感受的普遍性、共同性，来说明人的美感的普遍性、共同性。从现代科学的观点来看，其中有值得注意的某些合理因素。其二，孟子将人作为自然界的一个"类"是不同于动物如"刍豢"这类族类的。从而在人与动物的区别上是找寻人的美感普遍性、共同性之原因的所在，这无疑也具有合理性的因素。虽然现实的人是具体的、历史的、社会的人，但作为人来说，总存在着区别于动物的某些普遍性、共同性，因而也存在着美感上的某些普遍性、共同点。特别是在那些较少及各个不同的阶级或社会集团的利益的对立的领域内更是如此。即便是不同的阶段或社会集团也存在着美感的普遍性、共同性。因此，在孟子所生活的时代，即使对于不同的阶级来说，"黼黻文章"和"褐宽博"大抵也成了鲜衣美服和粗衣恶服的代名词。这一审美感受的普遍性、共同性所产生的深刻的内在原因，建筑在人们感官所具有的普遍性、共同性之上。其三，孟子还认为，美感或曰审美感受的普遍性、共同性基于人作为"类"或曰"物种"的普遍性、共同性之上。他指出："圣人与我同'类'者。"这表明即便是圣人，也不是非人的异"类"，因此有着与常人相同的审美感官及其美感。[①]

孟子对于人的道德精神中个体人格美的认识和高扬，是孟子美学思想的一个重要命题。孟子这种重要的美学思想，也反映在他的服饰审美文化观及服饰美学思想中，因此，孟子所服膺的服饰审美文化形态，便成了他所高扬的个性人格美的感性显现形式及其精神载体。在《孟子·告子》中，孟子与曹交的对话，便是具体地论说孟子所持的"人

---

①　蔡子谔：《中国服饰美学史》，河北美术出版社2001年版，第257—259页。

皆可以为尧舜"这一伦理学命题的一个论据。在这里,孟子将服饰审
美文化形态,作为了他所要高扬的个性人格美的一种外在感性显现形式
的标志。一如前述,"子服尧之服,诵尧之言,行尧之行,是尧而已
矣",这也是孟子对于个性人格美的高扬。在这种个性人格美的高扬之
中,服饰审美文化或曰具有"礼乐"审美文化内涵的服饰,成为个性
一种重要的文化载体。首先,笔者认为孟子所说的"服尧之服",不是
一种单纯的更换服饰的问题,因为在孟子看来,"尧之服"便是"尧"
之"礼乐"文化及他所制定并遵循的文物典章制度的一个物化的象征。
"服尧之服"表明了对于尧之"礼乐"文化及其所制定并遵循的文物典
章制度的服膺。从这一意义上讲,孟子所说的"服尧之服"同孔子所
说的"服周之冕"具有相同的文化内涵。其次,"服尧之服"还不仅仅
是一般意义上的文化载体,或曰"礼乐"文化的一般性物化的象征,
它还具有特殊意义。这种特殊意义,其规定性内涵便是"尧"之所以
为"尧"的道德精神的个性人格美。这样说来,"尧之服"便是"尧"
之"礼乐"文化及他所制定并遵循的文物典章制度的一般性物化象征,
与"尧"之所以为"尧"的道德精神的个性人格美这一个别性载体的
辩证统一。再次,"服尧之服"的"服",即是作为物质形态的、有着
以"尧"的服饰作为具体规定内涵即如其形制、颜色、纹饰、佩饰和
质料等皆一如"尧之服"的服饰。质言之,"尧之服"在这个意义上即
是"尧"所穿着过的服饰;是个别的具体的物质形态的"尧之服"。这
种客观存在的实有的"尧之服",自然是前面所说的"尧"之"礼乐"
文化和文物典章制度的物化象征与"尧"之道德精神的个性人格美的
文化精神载体的物质前提。反之,"服桀之服"亦即作为服饰审美文化
所体现的,即是道德精神的个性人格美的负面价值,是"服尧之服"
所要高扬的"尧"的崇高道德精神及其个性人格魅力的陪衬和烘托。

孟子服饰美学思想所蕴含的社会意义和真善之美,体现在他有关服
饰审美文化思想中的论述中。孟子人格美的服饰美学思想是对孔子儒家
服饰美学思想的继承、发展和丰富。正如儒家仁学一样,其所形成的儒
家服饰审美文化及其观点和思想,成为两千多年中国服饰审美文化及其
服饰美学思想的主流。

第三节　墨子的服饰思想

　　墨家学派创始人墨翟，出身于手工业阶层，是春秋战国之际代表被统治的一般小生产者利益的思想家。墨子对于服饰，看法完全不同于儒家。无论是专讲服饰，还是在论述哲学理论时以服饰为例，都表现出他最典型的"节用"和"非乐"思想。这种明显带有阶层利益局限性的观点，在后世统治思想中几乎不占据位置。底层百姓也因为向往美好的生活，热爱艺术形象，因此只有在无奈的情况下，才会从墨子思想中去寻求慰藉。总体来看，墨子有关服饰的主张，没有对中国后世的服饰观产生太大的影响。在如今能见到的《墨子·佚文》中，《说苑》记载了墨子的一篇言论，疑原为《墨子·节用》中的篇章。墨子说："诚然，则恶在事夫奢也。长无用，好末淫，非圣人之所急也。故食必常饱，然后求美；衣必常暖，然后求丽；居必常安，然后求乐。为可长，行可久，先质而后文，此圣人之务。"墨子的"先质而后文"之说，是与孔子"质胜文则野，文胜质则史"观点直接对立的。

　　《墨子·非儒下》中记载墨子曾攻击孔子说："孔某盛容修饰以蛊世，弦歌鼓舞以聚徒，繁登降之礼以示仪，务趋翔之节以劝众。"《墨子·非乐上》中更是将国家之乱怪罪于美食美服。他说，礼乐盛行就要占用许多人，有敲钟击鼓的，还要有欣赏的，而且这些人还要吃得好，以保证气色好；穿得好，以显示排场。这些人不但没法再去生产，而且还要其他生产者去养活。这岂不是太浪费了吗？现代哲学家认为墨子提出的"乐太繁"，既"不中圣王之事"，又"不中万民之利"的观点，有些矫枉过正，甚至可以说表现出了严重狭隘的功利主义思想倾向。如果单从杜绝浪费上看，墨子言论确有言之有理的地方，但如果都像墨子在《辞过》篇中所说的那样："故圣人为衣服，适身体、和肌肤而足矣"，还会有服饰艺术吗？进而扩展为还会有人类文化创造吗？再有，墨子的服饰观中屡现矛盾。"衣必常暖，然后求丽"中还有"求丽"的动机，只是位置、顺序问题，在《辞过》篇中索性提出衣服应"非荣耳目而观愚民也"，甚至认为若上下都去追求服饰美（观好），实际上就超出了实用的目的，势必造成浪费，因而极易造成社会混乱……

今天看来，这有些绝对化了。[①] 墨家的本意是为民着想的，但由于一起步即将目光集中于生产力低下的社会中的一部分小生产者，缺乏观察上的高度，所以很难自圆其说，也很难在后世产生重要影响。

第四节 管子的服饰思想

西周时期以提倡节俭作为治国之本，而齐国则以"尚奢"作为立国之源，"仓廪实而知礼节，衣食足而知荣辱"是其尚奢的核心思想。富人奢侈的生活将会促进个人财富的运转与消化，从而提高社会经济的发展，达到国富民富的目的。《管子·侈靡》曰："不侈，本事不得立"，"积者立余食而侈，美车马而驰，多酒醴而靡，千岁毋出食，此谓本事。"在服饰中则"多衣裘，所以起女工"。并利用诸侯、大夫在服饰的奢侈与富华，使其散其财物，正所谓华美服装的出现与经济的丰盈有直接关系，严谨规矩的服饰展示的是地位与权力，而奢华精美无疑是财富的炫耀。《管子·揆度》有"令诸侯之子将委质者，皆以双武之皮，卿大夫豹饰，列大夫豹蟾，大夫散其邑粟与其财物，以市虎豹之皮，故山林之人，刺其猛兽，若从亲戚之仇。此君冕服于朝，而猛兽胜于外。大夫已散其财物，万人得受其流。此尧舜之数也"的记载。管子认为，诸侯之子臣于齐国时应穿两张虎皮做的裘，而大夫则穿以豹皮饰边的服装。这一政策实施的目的在于使那些位高权重的人散其财，使货币和财物得以流通与分散，提高劳动者的生活水平，齐国裘皮服饰也得到进一步发展。在此影响下，齐国各朝代的君王都有尚奢的思想，在文献记载中齐景公的奢侈之风最为显著，他不仅把最为贵重的金、银、玉共饰于服饰之中，而且其服饰造型极尽奢华，并以其独特的着装形式让当时的名相晏婴目瞪口呆。[②]《晏婴春秋·内篇谏下》曰："景公为履，黄金为纂，饰以银，连以珠，良玉之，其长尺，冰月服之以听朝。"又有"衣黼黻之衣，素秀之裳，一衣而五彩具焉，带珠玉而乱首被发，南面而立，傲然"的记载。

---

① 华梅、施迪怀：《服饰与理想》，中国时代经济出版社 2010 年版，第 22 页。
② 李新泰：《齐文化大观》，中共中央党校出版社 1992 年版，第 439 页。

第五节　晏子的服饰思想

与管子的尚奢相反，齐国的另一个贤相晏婴却主张崇尚节俭。晏婴认为崇尚奢侈的结果使位高权重的人变本加厉地对百姓搜刮和压榨，奢侈思想的泛滥也会导致人格的堕落。《晏子春秋·内篇杂下》有"田无宇见晏子独立于闺内，由妇人出于室者，发斑白，衣缁布之衣而无里裘"的记载，正是晏婴"食不重肉，妾不衣帛"崇尚节俭观点的体现。服饰讲究实用性、功能性和威严性，去除夸张而华丽的色彩以及与实用无关的复杂装饰是晏婴对服饰的基本要求。《晏子春秋·内篇谏下》的"夫冠足以修敬，不务其饰；衣足以掩形御寒，不务其美。衣不务于隅眥之削，冠无觚赢之理，身服不杂彩，首服不镂刻"。与墨子"冬服绀緅之衣，轻且暖，夏服絺绤之衣，轻且清，则止。诸加费不加于民利者，圣王弗为"的尚俭思想不谋而合。

第十九章 齐鲁民间艺术与服饰

第一节 剪纸与服饰

齐鲁剪纸艺术的源流，可以追溯到远古时期。剪纸艺术继承了古代铜器秀丽、细致、夸张的风格，是民间代代相传的传统艺术。也有的剪纸继承了汉画石刻的特点，其粗犷和细腻相结合，表现了民间对幸福生活的热爱和向往。剪纸的种类很多，有贴在窗子上的窗花、有贴在门上的"吊钱儿"、供品上用的剪纸、花灯上的灯花、家具上的贴花、墙上用的"墙花"、婚嫁中用的喜花、丧俗中的魂幡等。剪纸艺术也是用于服饰的一种"花谱"，如绣花鞋样、鞋底花样、鞋头花样、袖口花边、衣领花边，衣服的底襟花样、裤子门的花边装饰、头巾花样、荷包装饰花样、香袋装饰花样等。

服饰花谱的出现，使得服饰刺绣更方便了。例如鞋帮子的绣花，常常是用两边对称的花样，剪纸正好有这样的特色。对称是剪纸经常用的手法，一张纸对折，一剪刀下来可以剪成两边对称的花样。如果是二方连续的花样，一张长形的纸按照花边的需要折成方块，一剪刀剪下来就是一条长长的花边。旧时齐鲁民间服饰都是家庭自做，姑娘、媳妇都要会针线，绣花、挑花更是妇女们的必修课。创作绣花花样是齐鲁民间服饰的前提，妇女们常以高超的绣花技艺为荣，她们不但自己创作绣花花样，还互相交换。开始时只是用笔描下来互相赠送，后来这种方法显得慢而不准确，于是利用剪纸的方法开始普及。剪纸也只能每次剪有限的数量，剪多了常有不准确的现象出现，后来在民间发明了用蜡烛熏制的方法。蜡烛熏制的方法使花样准确无误，方法是先要剪好一张母型花样，在一块板上钉纸，再把"母型花样"贴在钉好的纸上，然后板朝下用点燃的蜡烛熏。这是一种很好的复制方法，使复制的花样非常准确，这种"母型花样"一定要镂空的。也有的把花样直接熏制在布上，花刺绣好以后再把蜡烛熏制的痕印洗掉。"服饰花谱"就这样一传十、十传百地传开了。一些有心人，大量地搜集了民间的花样子广为传播，使各地互相交流。①

　　民间剪纸和民间服饰装饰的内容大同小异，以表现吉祥、幸福、如意、长寿、平安等为主题，或以花、鸟、鱼、虫等形象作为装饰内容。所以，剪纸艺术和服饰艺术在内容上是相通的，有时可以互相借用，互有启发。但是由于制作工艺的不同，又形成了不同的特色。剪纸的线条必须是连起来的；蓝印花布上的线条必须是断开的；绣花则不受限制，在色彩处理上要自由得多，甚至可以绣出极其丰富的色彩。服饰的装饰手法和形式，在剪纸艺术中都能找到，如，团花、角花、二方连续花边、满花、袖口花、几何图案等。② 在色彩处理上也有相通之处，单色剪纸是以红白为主色调，在民间服饰里也有以蓝白为主色调、黑白为主色调的服饰。彩色剪纸更与民间服饰的色彩有异曲同工之妙，红和绿、蓝和紫、黄和黑等色彩处理方法，也是妙趣横生（图 19—1 至图 19—22）。③

图 19—1　大吉（鸡、戟）鞋头花

---

　　① 安毓英、杨林：《中国民间服饰艺术》，中国轻工业出版社 2005 年版，第 47 页。
　　② 山曼、柳红伟：《山东剪纸民俗》，济南出版社 2002 年版，第 104—110、112—117 页。
　　③ 郑军：《山东民间剪纸》，黑龙江美术出版社 1996 年版，第 102—111 页。

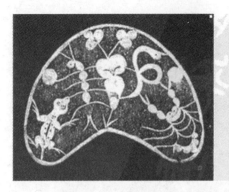

图 19—2　五毒童鞋花（端午节穿）

图 19—3　虎头鞋花 1

图 19—4　虎头鞋花 2

图 19—5 鞋头花 1

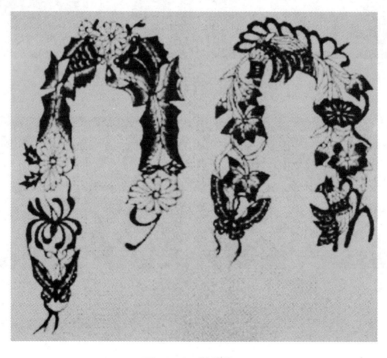

图 19—6 鞋头花 2

图 19—7　鞋头花 3

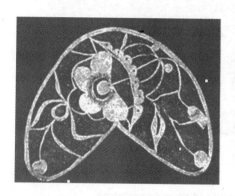
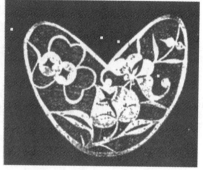

图 19—8　绣花鞋样 1

图 19—9　绣花鞋样 2

图 19—10　绣鞋旁花

图 19—11　靴子花

图 19—12　鞋花

图 19—13　棉鞋花

图 19—14　袜底花

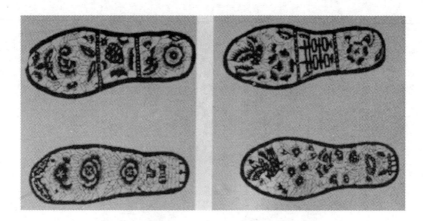

图 19—15　鞋垫花 1

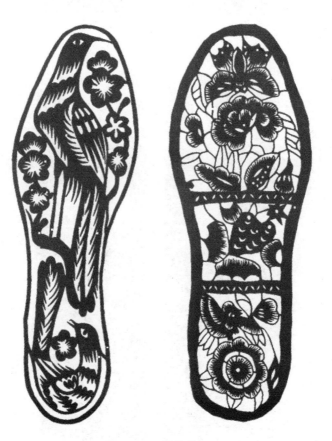

图 19—16　鞋垫花 2

图 19—17 枕顶花 1

图 19—18 枕顶花 2

图 19—19　云肩绣样 1

图 19—20　云肩绣样 2

图 19—21　兜子花

图 19—22　箍帽花

第二节　木版年画与服饰

　　木版年画是齐鲁民间美术中的一枝奇葩，也是民间服饰可靠的记录者。民间版画中尤其是木版年画，以表现人物为主的题材，记录了大量的民间服饰。木版年画从古代到现代，可以说是民间服饰的简史。在齐鲁民间版画中表现了民间服饰多种多样的款式、色彩、纹样、图案、服饰配套等。从木版年画中可以发现多种披肩的款式，如裤角花、衣襟花边、袖口花边等多种多样。服饰中的"团纹"、"云纹"、"回纹"、"万字纹"、"折纹"等纹样，都是齐鲁民间服饰中常用的图案。民间版画中的造型与服饰装饰造型，在很多地方都有共同的基础，这就是人们的吉祥意愿。用文字的谐音组成图案，如有一幅版画中把马、猴子和蜜蜂画在一起，叫做"马上封侯"。又如用石榴子多象征"多子多福"。还有一种"小中见大"的手法，同一画面中的人物，次要人物画得很小，主要人物画得很大。还有一种手法"将虚化实"用得也比较多，这是把一些不可能在一起的形象，用程序化的手法串联在一起，形象生动。① 齐鲁民间版画中所表现的民间服饰的款式、色彩、图案，都是随时代的潮流进行创作的，因此我们可以从众多的民间年画中，梳理出不同历史时期的服饰流行概况（图 19—23 至图 19—38）。②

---

　　①　郑军、乌琨：《民间手工艺术山东卷》，山东人民出版社 2008 年版，第 27 页。
　　②　《潍坊杨家埠年画全集》编委会：《潍坊杨家埠年画全集》，西苑出版社 1996 年版，第 32—34、132—133、145—147、155—163 页。

图 19—23 山东清代木版年画《迎新年》

(图中官员顶戴花翎，穿蓝紫色官服)

图 19—24 山东清代木版年画《春牛图》

(图中官员顶戴花翎，穿蓝紫色官服，随从穿长袍马褂)

图 19—25　山东清代木版年画《春夏秋冬》

（图中描绘了清代百姓劳动的着装）

图 19—26　山东清代木版年画《同乐新年》

（图中描绘了清代百姓过年的着装）

图 19—27　山东清代木版年画《猴子骑羊》（图中男子着长袍马甲）

图 19—28　山东清代木版年画《招财进宝》（图中男子着长袍马褂）

图 19—29　山东清代木版年画《欣遇》（图中女子穿长袄配裙子）

图 19—30　山东清代木版年画中的儿童服装

图 19—31 山东清代木版年画《庆贺新年》（图中男女老幼着清代服饰）

图 19—32 山东清代木版年画（图中女子着长袄配马面裙）

图 19—33　山东清代木版年画（图中女子着袄、裙，配云肩）

图 19—34　山东清代木版年画《大发财源》（图中男子着长袍马褂）

图 19—35　山东晚清木版年画《拜新年》

图 19—36　山东清代木版年画《女学生习武》（图中女子穿袄裤、长袍）

图 19—37　山东民国木版年画《新年吉庆》（图中人物穿袄裤）

图 19—38　山东民国木版年画《学堂》（图中人物穿马甲、长裤，戴西式礼帽）

第三节 民间绘画与服饰

民间绘画是齐鲁民间美术的重要组成部分，民间绘画是以表现民间风俗为主要内容的一种绘画形式。民间绘画的题材非常广泛，但多数脱离不了民间风俗习惯之类的主题。花卉、吉祥物、动物、人物等都是民间绘画的题材，甚至把历史故事、戏剧都可以作为绘画的内容。民间绘画的形式多种多样，包括：建筑彩画、门头画、墙围画、炕围画、陶瓷画、鼻烟壶画、壁画等。这些民间绘画的材料不同、工艺过程不同，但运用色彩、构图、创作方法却有很多相似的地方。齐鲁民间绘画用于民间服饰不是照搬，而是有自己独特的、创造性的风格。民间服饰的工艺方法分很多类型，表现出来的效果也不一样，刺绣、挑花、布贴、织锦等都是民间服饰常用的方法。以刺绣为例，这是一种汉族和少数民族民间传统的手工艺，流行于全国各地。刺绣的方法是以绣花针穿彩色丝线，刺绣在纺织品上。从周代至魏晋，绣品已经普及于朝野上下。当时有"画者为绘，刺者为绣"之说，花鸟、景物、人物、动物等都是刺绣的题材，经常用于服饰的面料。用刺绣的方法制作出来的服饰面料，手感柔软、有立体感，给人以华丽、细腻之感。[①] 齐鲁民间服饰中的绘画，借鉴了民间绘画的创作模式，在创作手法上仍然遵循着传统的绘画方法，如对称、平衡、满底、时空、适形等，但又不拘泥于这种模式。

一 对称

对称是齐鲁民间服饰常用的一种构图方法，对称使人视觉舒服。服饰品是为了能与服装和人体相配合，表现人端庄、大方的风度，人体结构是左右对称的，采用对称式构图恰好能吻合人体的结构特征。如，云肩是配在肩上的服饰品，造型一般的都是采取对称的，云肩上的绘画也采取对称的格局，即使不完全对称也是平衡的构图。在我们的视觉习惯中，眼睛总是朝着一个目标看，例如看一座建筑物的大门、看一个人的穿着等，习惯使我们的眼睛张力要平衡，视觉重心集中在一个焦点上，

① 安毓英、杨林：《中国民间服饰艺术》，中国轻工业出版社 2005 年版，第 54 页。

眼睛从左到右是比较方便的，在视觉上比较舒服和省力，这也是齐鲁民间服饰中常用对称构图的原因（图19—39）。

图19—39　山东民间云肩多采用对称式构图

二　满底

满底构图也是齐鲁民间服饰中常见的一种形式。满底构图是把人物、动物、花卉等图案铺满整个形状中，如圆形的云肩、长方形的马面、正方形的头巾等。齐鲁民间刺绣中的衣袖、裙子、肚兜、枕顶等很多都采取满底构图，一幅刺绣作品往往把一个形状铺得满满的，这种构图方法，正好与齐鲁民间绘画如出一辙（图19—40）。

三　时空

时空构图是把不同空间、不同时间的事物串联在一起。唐朝的武则天在冬天曾下令让百花盛开，其实是不可能的事。但是齐鲁民间艺术家，把春天的牡丹、夏天的荷花、秋天的海棠花、冬天的梅花画在同一个空间里，时间性在这里已经不重要了。时空构图常用一些高空透视的方法，把众多的人物、花鸟、建筑画在一起，超越了时间、空间的限制，形式更为自由灵活（图 19—41）。

图 19—40 山东民间刺绣服饰中的满底构图

图 19—41 山东民间刺绣服饰打破时空限制并置了各种花卉和器物

四 适形

适形的构图方法是一种双关的现象，齐鲁民间服饰中的装饰图案有很多形状，服饰的款式也很多，也就是说，装饰图案要适合外形的需要。外形和花纹要做到：互为利用、互相制约、互相穿插、互相关联、上下呼应、大小配合等。如团花的创作，所有的人物、花卉都要适合圆形。齐鲁民间服饰艺术家创造了大量的服饰图案，这些图案都或多或少地与民间风俗有关，团花的种类就有数十种，如，寿字团花、福字团花、禄字团花、云纹团花、各种花卉团花等。还有一种是特制的面料，如"围嘴"在款式上已经定形，里面的装饰图案都适合围嘴款式的形状。所谓双关，即除图案和外形要互相适应之外，图案的纹样也是一种双关的关系，如花、叶互相穿插，俗话说就是钻空子，花与花定形后，形成了一定的空间，然后用叶子占领这个空间，形成互相制约的局面。综上所述，齐鲁民间绘画与民间服饰有着密切的关系，在创作方法上互相借鉴，但又各自发挥着自己的工艺特长（图19—42）。

图19—42 山东民间儿童围嘴上的适形图案

第四节 民间戏曲与服饰

齐鲁各地流行着30多个剧种，传统剧目数千出，舞台形象多姿多彩。而作为舞台艺术一部分的戏曲服装，不仅塑造了戏剧人物形象，显示剧中时代、民族、性别、地区以及特定的情境，而且图案讲究，款式固定，色彩鲜艳，装饰效果强烈，配同齐鲁传统工艺刺绣和绘图艺术的结合更加独具风采，是齐鲁服饰文化的重要组成部分。

一 齐鲁地方戏曲的概况

齐鲁是我国较早有戏剧活动的地区之一，其戏剧艺术的孕育最早可以追溯到两千多年前的齐鲁诸国。汉代，百戏在齐鲁流行，从齐鲁境内出土的汉代画像石中，我们可以大概推知汉代百戏的流行状况。沂南县北寨村汉墓画像石及临沂银雀山九号汉墓出土的彩绘帛画都记述了百戏的演出活动。隋代齐倡名动全国，唐代参军戏在齐鲁地区也甚为流行。可以说长期流行的歌舞百戏、俳优活动，是齐鲁戏曲孕育发展所必不可缺的重要阶段。宋杂剧形成后亦波及齐鲁，金末元初产生用北曲演唱的戏曲形式即元杂剧，齐鲁是主要流行地区之一。齐鲁戏曲到明清时进入蓬勃发展时期，李开先的《宝剑记》和孔尚任的《桃花扇》成就突出，影响最大。在演出方面，职业戏班增多，活动频繁，到清代中叶已有数十个不同的戏曲剧种同时活跃在齐鲁境内，大致可分为梆子腔剧种、弦索腔剧种、肘鼓子腔剧种等。[①]

现在，在齐鲁境内流行的戏曲剧种多达30多种，大致可以划分为梆子腔系、弦索腔系、肘鼓子腔系和民间歌舞及说唱形成的戏曲剧种等类型。齐鲁境内流行的梆子腔剧种，有山东梆子、莱芜梆子、枣梆、平调、东路梆子、河南梆子、河北梆子等多种。弦索腔由民间流传的俗曲小令，经过弦索清唱阶段，进而发展为戏曲声腔。由于流传地域和伴奏乐器的不同及受其他艺术的影响，弦索腔形成了风格不同

---

① 张桂林：《传统音乐》，山东友谊出版社2008年版，第375页。

的戏曲剧种，流行于齐鲁地区的主要有柳子戏、大弦子戏、罗子戏。
肘鼓子腔是在流行于民间的花鼓秧歌的基础上，以"娘娘腔"为其
主要腔调逐渐演化而成的戏曲声腔。所包含的剧种有柳琴戏、五音
戏、茂腔、柳腔、灯腔、东路肘鼓子等。由说唱发展而来的戏曲剧种
有：吕剧、坠子戏、渔鼓戏、八仙戏、蓝关戏等（图19—43至图
19—47）。

图19—43　戏曲服饰（山东梆子）①

①　http：//baike. baidu. com/view/95947. html.

图 19—44　戏曲服饰（莱芜梆子）①

图 19—45　戏曲服饰（柳子戏）②

---

① http：//www.sdmuseum.com/show.aspx？id＝1441&cid＝79.

② http：//baike.baidu.com/view/95875.html.

图 19—46　戏曲服饰（五音戏）①

图 19—47　戏曲服饰（山东吕剧）②

---

①　http：//baike. baidu. com/view/96962. html.
②　http：//baike. baidu. com/view/651578. html.

二　戏服的主要种类

服装，戏曲界行话叫"行头"，俗称"戏衣"、"戏装"。服装在历史文化的积淀中，广采博收，为我所用，积累的结果是使其种类日渐繁多。又由于历史的原因，许多主要演员根据本人具体条件、表演需要以及技巧风格，对自己的专有服装（即私房行头）多有改变或创新。因此，本章节的服装分类，只以一个剧目的基本通用、官中设备为划分准则，行话称为"底包箱"或"官中箱"（即共用服装）。这个基本设备中，大体囊括了舞台上的全部服饰，具有一般的概括性，故又称"全箱"。

传统戏曲服装总分三大类，即是按衣箱来分类，称"大衣箱"、"二衣箱"、"三衣箱"。大衣箱和二衣箱都各有两只，分称上首箱和下首箱。每种衣箱内分别装有不同种类的服装。从着装身份来说，皇帝、一般的文职官员、书生及与之相应身份的妇女等人穿的服装，属大衣箱范围；而武将、侠客、英雄、龙套、百姓等人穿的服装，属二衣箱范围。从形制上分，凡是带水袖的服装属大衣箱，不带水袖的服装属二衣箱。但也有个别例外，如打衣、打裤属二衣箱，却放在大衣箱之内；旗装没水袖，也放在大衣箱内，这是一种习惯分法。而龙套衣、太监衣带水袖，却放在二衣箱内，道理相同。按照传统沿袭下来的规矩，在衣箱内服装的放置顺序、折叠方法都有固定规则，不能任意乱放。如大衣箱上首箱中蟒的摆放顺序自上而下依次是红、绿、黄、白、黑。要把加官穿的红蟒和财神穿的绿蟒放在皇帝穿的黄蟒前面。大衣箱下首箱最上边要放富贵衣和老斗衣。富贵衣是穷生穿的，喻示后来的荣华富贵。老斗衣是平民服装，把它们摆在上面，反映了旧社会艺人朴素的民主思想。二衣箱上首箱以靠和箭衣为主，其余的就放在二衣箱下首箱。三衣箱是演员所穿的下衣、彩裤，附属物护领，特殊造型物，胖袄以及水衣子等放置的处所。这种规制，有利于服装的存放取拿，甚至可以在黑暗无光之下凭习惯拿取而不会出错。传统的戏衣名目很多，从基本样式来看，主要有蟒、靠、被、褶、开氅、箭衣、八卦衣、宫装等二十余种。[1] 由

---

[1]　王华莹：《戏剧探索文论·戏论集》，中国戏剧出版社 2001 年版，第 253—257 页。

于色彩、纹样和质料的不同，以及穿戴时的不同搭配，使整个戏衣凸显变化多端，丰富多彩，富有独特的艺术表现力。

三　戏服的纹样

纹样在齐鲁传统戏曲服装里不仅仅是一种美饰，而且寓意深刻，象征性强。戏曲服装的纹样来源于生活，用生活中的实物来做象征性的说明。基本纹样可分四类：动物纹样、花卉纹样、寓形纹样和装饰性纹样。

1. 动物纹样

动物纹样，如龙、凤、鸟、兽、鱼、虫等，用来区别剧中人物的身份，并装饰和美化服饰。

龙是古代劳动人民想象出来的一种虚拟的动物，采用了牛头、蛇身、鹿角、虾眼、狮鼻、驴嘴、猫耳、鹰爪、鱼鳞、鱼尾等各种动物的局部特征，集中创制的产物。它威武雄健，富有气势。古时称帝王之位为九五之尊，九、五两数，象征高贵，清朝皇帝的龙袍据文献记载：绣九条金龙，从图像及实物来看，前后相加总共只有金龙八条，与文字对照尚缺一条，有人认为另一条就是皇帝本身。其实这条龙纹又客观存在，只是被绣在衣襟里面，一般不易看到。所以，每件龙袍的实际绣龙数仍为九条。而从正面或背面单独看时，所见都是五条（两肩之龙前后都能看到，与九五之数正好吻合）。龙袍，只限于皇帝、皇太子穿用，皇子只穿龙褂。

凤也是虚拟出来的一种祥瑞之物，由于古代传说中的凤为鸟中之王，故在戏装中凤与龙相结合为统治权力的象征。后妃服饰多用凤。凤在戏装中不像龙那样神圣不可侵犯，一般官宦士绅阶层的妇女也可用凤作装饰。其中尤以凤穿牡丹最为常见。凤同太阳、牡丹相结合，象征光明、和平、幸福和爱情。所以，戏曲人物从头饰到服饰用凤纹的很多。

蟒，服装上绣蟒纹，上自皇子下至九品、未入流者都有，不过以服色及蟒的多少区别官职。如皇太子用杏黄色，皇子用金黄色，亲王、郡王必须赏给后才能用金黄色，自贝勒以下民公以上，赠赐五爪蟒缎者才能穿用；自武二品和文三品以上则绣九蟒，文四品以下绣八蟒，文七品以下绣五蟒，蟒都是四爪。

仙鹤，戏曲中的官员所穿补服，多绣仙鹤等，没有严格的级别区分。补服的图案增加了服装的效果，使观众清楚地了解剧中所扮演的角色，在戏曲舞台上也非常靓丽美观。

虎，齐鲁传统戏中武将的戏装"靠"，是借鉴清代军戎服饰，其两肩绣鱼鳞纹或丁字纹，中部靠肚略宽、凸起，绣有一大虎头（有的绣行龙），叫靠肚。女靠与男靠大致相同，女靠靠肚绣鱼和凤，下缀飘带。

2. 花卉纹样

戏服中的花卉纹样有：牡丹花、月季花、菊花、杏花、梨花、茶花、荷花、梅花等。齐鲁传统戏装中的花卉纹样来自生活，而且根据生活中人们对各种花卉的欣赏习惯，用服装的花卉来衬托人物性格。如月季花可衬托年轻姑娘的娇嫩；牡丹花雍容华贵，以示生活的美好；梨花、茶花可表示中年妇女的文雅，而性格孤傲的人可用梅花。齐鲁传统戏曲服装中使用花卉的服装主要有褶子、帔、斗篷、宫装等样式。

褶子，在传统戏衣中用途最广，男女老少、贫富贵贱、文武通用，分花素两大类。花褶子中又有武生褶子和小生褶子之分。武生褶子绣名禽、折枝花和小团花，里子也绣花，可以敞开穿。小生褶子有满身绣花，但多用折枝花卉点缀一角，显得潇洒、淡雅。

帔，是清代妇女的外套，对襟大袖，长可及膝，上绣五彩夹金线花纹。还有的用平金的团花及波浪形的水脚作为装饰。戏衣中的男帔，花色极多，一般作为皇帝、文官的便服和士绅的常服。剧中表现夫妻关系时，多穿花色相配的帔，称为"对帔"。皇帝与后妃同穿者称"皇帔"。传统戏曲中，帝王、皇后、皇太后穿用的帔多绣团龙、团凤、团花；新娘的红帔大都是绣牡丹团花；中年妇女穿用的多绣折枝梨花、折枝茶花图案。另有观音帔，白色，绣绿竹或黑竹，为剧中扮演观音专用。

斗篷，类似生活中幼儿用的斗篷。小领、无袖、上小下大，长至脚面，形如扣钟。在外出的规定情景下，表示长途跋涉、挡风御寒之用。有男女之别，又各有花素之分，女斗篷色彩丰富，有红、粉、湖色等，所绣图案有凤凰、牡丹等。

宫装，样式是圆领、对襟、大腰身，长及足，下部周身缀有长短飘带数十根，内连衬裙，水纹大袖，大袖带水袖。袖口有六道二方连续花纹图案，腰带随身作装饰，满绣图案，花饰华贵，五色飘带沿腰部围满周身。肩披云肩，小立领、周边缀满黄穗子，上面绣满图案，颜色与衣色相同，以红为主，同时杂有少量其他色作辅衬。宫装周身绣花，花色图案十分美观，穿时加云肩，极为华丽，是剧中后妃、公主及皇后贵妇的礼服。

传统戏曲服装用各种名花点缀装饰，把真实美和装饰美结合起来，使戏衣呈现出花团锦簇、多姿多彩的风貌。

3. 寓形纹样

寓形纹样一般包括海水江涯、暗八宝、暗八仙，各种形状的寿字、蝙蝠等。还有一些纹样，如草龙、云龙、甲纹等，都是民间象征吉利的吉祥图案。吉祥图案的历史源远流长，早在远古时期，人们就把一些猛兽比作威武雄健，用于男服装饰；把文丽的珍禽比作美好，用于女服纹样。唐宋以后纹样运用更加普遍，人们常将几种不同形状的图案配合在一起，或寓意，或取其谐音，以寄托美好的希望和抒发自己的感情。如将松、竹、梅三种耐严寒的植物配在一起，比喻经得起考验的友谊，取名为"岁寒三友"（寓意）；把芙蓉、桂花、万年青三种花卉画在一起，比作永远荣华富贵，取名为"富贵万年"（谐音）。这些有浓厚民族色彩的传统艺术，在明末清初的服饰纹样上更加丰富。例如，把蝙蝠和云纹画在一起叫"福从天来"。把太阳和凤凰画在一起叫"丹凤朝阳"。把莲花和鲤鱼绘在一起叫"连年有余"，等等。还有"八仙"、"八宝"、"八吉祥"等名目。所谓"八仙"，即古代传说中的吕洞宾等八位神仙，八仙手中所持之物有扇、剑、葫芦与拐杖、檀板、花篮、渔鼓、拂尘、竹笛、荷花。"八宝"即八种宝物：宝珠、方胜、磬、犀角、金钱、菱镜、书本、艾叶等。"八吉祥"也是八种器物组成，取吉祥之意，如舍利壶、法轮、宝伞、莲花、金鱼、海螺、天盖、盘长等。尽管这些图案的形状各不相同，结构也比较复杂，但在一幅画面上非常和谐。还常在服装纹样中穿插一些云纹、枝叶或飘带，给人以轻松活泼的感觉。齐鲁传统的戏曲服装正是运用这些纹样，为表现人物形象增添色彩。

4. 装饰性纹样

装饰性纹样主要包括：回纹、几何纹、卍纹、古钱纹、龟背纹、祥云纹、寿字纹、如意纹、水纹等。还有些纹样本身找不到物体的具体形象，绘织在服装上也起到一定的美化作用。这些装饰性纹样在齐鲁传统的戏衣里运用得比较广泛，如宫衣、开氅、靠、龙箭衣、大铠、团花箭衣、宫装、袄、帔、八卦衣、褶子、打衣、裙等，都用这些纹样作衣边、衣领、飘带，以点缀和美化服装。

第五节　民间玩具与服饰

在齐鲁民间为儿童所做的某些服饰，造型夸张，色彩斑斓，同时带有避邪和吉祥的含义，可以说既是服饰也是孩子的玩具，这类服饰主要包括虎头鞋、虎头帽、兜肚等。齐鲁特殊的地理环境造就了齐鲁大地淳朴的风土人情和璀璨的历史文化，非物质文化遗产相当丰富，农村娃儿们脚上穿的虎头鞋、头上戴的虎头帽、胸前围的虎纹兜肚等就足以证明这一点。这些物品既是生活必需品，也是精美的工艺品，它们不华丽，但透着灵气和雅趣，古朴、憨拙、娇媚，散发着浓郁的乡土气息。

一　虎头鞋

虎头鞋是孩儿鞋的一种，因鞋头呈虎头模样，故称虎头鞋。虎头鞋穿在小孩脚上，给家庭带来欢乐，给父母带来希望。它既有实用价值，也有观赏价值，同时它又是一种吉祥物，人们赋予它驱鬼辟邪的功能。虎头鞋做工复杂，仅虎头上就需用刺绣、拨花、打籽等多种针法。鞋面的颜色以红、黄为主，虎嘴、眉毛、鼻、眼等处常采用粗线条勾勒，夸张地表现虎的威猛。制作此鞋时，还常用兔毛将鞋口、虎耳、虎眼等镶边，红、黄、白间杂，轮廓清晰。孩子穿上虎头鞋后，兔毛随风飘动，虎头也有了动感，一派虎虎生气。虎头鞋鞋底肥大，插空纳上九个菱形破花，九个破花称为九颗圆子，意为"九子十成"。[1] 穿虎头鞋的时间，是在幼童一岁左右。此时的儿童跃跃欲试，想要走路，但又离不开大人的搀扶。这时父母给孩子穿双虎头鞋，利于孩子脚踏实地。更重要的原

---

① 史忠民：《传统美术》，山东友谊出版社 2008 年版，第 342 页。

因是人们认为老虎是百兽之王，威风凛凛，能降妖辟邪，穿上虎头鞋可以保佑孩子平平安安，护佑孩子健康成人。也有的是因为孩子就是虎年出生的，为了配合它们的属相，特做虎头鞋、虎头帽。还有的因为老虎为一山之王，称霸一方，取高官厚禄的意思。因而，老虎的形象成为给孩子们做鞋帽的首选。

　　一双地道的虎头鞋，必须全部用手工缝制。除了用旧棉布打袼褙、做鞋底、做鞋帮之外，关键在于鞋脸的造型设计和各种彩线的使用搭配，可以说一双虎头鞋的好看与否，全在于此了。缝制虎头鞋，一般是先纳好鞋底，然后再挑选一种或几种花色面料做鞋帮。有绸、缎、花、素之分，色彩各异，花样多多，全在个人的审美和喜好。做虎头鞋需先打袼褙，就是用旧破布一层层地用糨子粘起来，晾干后备用。打糨子用白面不行，不好运针，必须用玉米面调制才好用。袼褙打好后就根据鞋样子剪下来做鞋底和鞋帮的内衬。鞋帮做妥后，就另找块布剪成虎头的样子，在上面绣上眼、嘴、鼻子和胡须等，镶在鞋帮的前面，两边再用红布缝个小耳朵。鞋的后边另缀块布作为尾巴，也正好当成提鞋的鞋把（图19—48）。

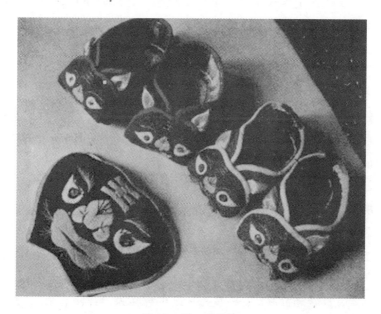

图19—48　虎头鞋

图 19—49　虎头帽

二　虎头帽

虎头帽大多是做成棉帽，用一块布折一下，前边短，后边长，絮上棉花，衬上里子，先在上半部用黄丝线绣一个方方正正的"王"字，顶上一边缀一个耳朵，是原布的下脚料，边缘上用兔毛镶一镶。眼睛用花布一垫，在眼上用显丝线勾出眉毛，画上眼睛，再在上面缝两个琉璃球，犹如画龙点睛，立马虎视眈眈、威风凛凛。鼻子是用红布裁的，两边鼻翼特突出，以示虎的气量。帽子的上檐就是老虎张着的大嘴上腭，用布把边缘贴起来，再用红线按牙缝的距离缀紧。这样，一个张着血盆大口的虎头帽就做成了。孩子戴在头上，甭提多威风了，有的还在帽子上装饰流苏、小铃铛，更显得活泼可爱（图 19—49）。

三　兜肚

兜肚是贴身护胸腹的衣物，近似菱形，上端为"兜肚口"，下面的大部分为"兜肚面"。"兜肚口"有带，系脖子上；"兜肚面"左右两角有系带，系腰间。儿童用的兜肚花纹，无论刺绣或印染，都寄托着母亲为孩子祝福和驱邪的心愿。齐鲁蓝印花布儿童兜肚的图案中心花纹的周围都围绕一道宽阔的花边，中心花纹和花边之间的空隙，填充许多小花。祝福的纹样，如邹城的福字兜肚，中心主纹是围绕串珠和放射状茉莉骨朵的福字大团花。禹城的"三多果篮兜肚"中心主花是一只挂篮，篮子造型华美，垂有流苏，类似花灯。篮内的佛手谐音"福寿"，石榴则象征多子。苍山的"连年有余兜肚"，中心主纹是一个骑在金鱼背上的胖娃娃，胖娃娃背后是一枝莲蓬，既可意会为"连年有余"，又可解释成"连生贵子"。山东半岛东部一些地方，儿童兜肚用蓝印花布或深色布制作，面上并不绣花，而缝一个白色的布袋，名为"月亮"。"月亮"上绣花，白底五彩，分外显眼。花纹图案或花卉、或人物，有很多像童话的境界。一个小孩与一只大鸟对舞，鸟儿比小孩更高；一只老虎五彩斑斓，很像节日间打扮一新的孩子；更有不少故事，还有农家生活的种种场面：爹爹在刨地，妈妈怀抱弟弟，小孩在玩，旁边有树，树上有鸟；小孩在放风筝，风筝是一只蜻蜓，树上的鸟儿在看小孩放风筝。若是几个带兜肚的孩子在一起，互相看看兜肚上的画儿，会是怎样的欢快呢（图19—50）。

图 19—50　儿童兜肚上的艾虎

第六节　民间舞蹈与服饰

齐鲁地域辽阔，民族众多，民间舞蹈丰富多彩，各地区各民族所特有的心理特点和风尚习俗，是民间舞蹈服饰艺术产生的基础和土壤。齐鲁民间舞蹈服饰反映出不同的地域色彩、风尚习俗和传统遗存。从服饰艺术的角度来看，齐鲁民间舞蹈服饰是齐鲁服饰文化的一个重要艺术构成，在民间舞蹈发展的历程中，一个个令人难忘的舞蹈服饰形象，既与舞蹈艺术交相辉映，又成为齐鲁服饰宝库中的珍贵财富。

一　山东大秧歌服饰

山东秧歌是齐鲁地区的民俗艺术，各处流行，风格多种多样，其中影响最大的是"鼓子秧歌"、"胶州秧歌"和"海阳秧歌"，并称为"山东三大秧歌"，或称"山东三大民间舞蹈"。"鼓子秧歌"的舞伞者（男），戴银白色或黑色发髻，挂白色或黑色满髯（戴银白色发髻挂白满髯者为"丑伞"，头勒杏黄色绸带垂于脑后），穿黄色斜襟长袍、米黄色灯笼裤，扎黑丝绒腰箍，将袍前襟掖在左前腰箍内，穿黑色薄底靴或白底上镶黑条的圆口布鞋；"鼓子"（男），头扎黄色绸方巾，巾带系于脑后，额前缀一红绒球，穿对襟上衣、灯笼裤，扎红色腰带，外套杏黄色坎肩，鞋同舞伞者；舞棒者（男），不穿坎肩，其余穿戴同"鼓子"（均为浅绿色）；"拉花"（女），头后梳一条大辫子，将用红绸编扎的花球固定在头顶，绸两端（约60厘米）垂于两肩前，穿粉红色大襟上衣、彩裤、彩鞋，腰系浅绿色长裙（图19—51至图19—54）。

图19—51　鼓子秧歌1①

---

① http：//sdci. com. cn/a/minsu/2011/0217/10. html/.

图 19—52　鼓子秧歌 2①

图 19—53　胶州秧歌②

---

① http：//tupian. baike. com.
② http：//city. ce. cn.

图 19—54 海阳秧歌①

二 假形舞蹈服饰

假形舞蹈，是依据各类禽兽或实物外形而制作的道具，舞者借助并运用这种道具，模拟其动作和神态，表达和刻画它们的生活习性和性格特征。这类舞蹈在齐鲁流传很普遍，而且历史悠久，种类繁多。假形舞蹈最早源于原始社会部落氏族的渔猎生活和图腾信仰，原始社会末期的"凤凰来仪"、"百兽率舞"，以及葛天氏之乐的"三人执牛尾"等，即是这种渔猎生活和图腾信仰的反映。到了周代称这种舞蹈为假形舞蹈，演员叫"象人"，汉代已普及到民间，在山东沂南汉画像石中的《鱼龙漫衍之戏》里，就有"龙戏"、"鱼戏"、"豹戏"、"雀戏"等。到了明、清两代假形舞蹈更是盛行，如《临朐县志》（嘉庆）记有："每届元宵，恒醵钱作戏，范竹作具，而蒙之以纸，有若龙者、若马者、若麒麟者、若舟车者，更有肖为虾、蛤、鳖诸族者……"假形舞蹈的道具，可分硬架和软皮二种，硬架有：马、驴、龙、凤、鹤、蚌、鱼、龟、虾，车、船、辇、轿等，软皮有：虎、牛、狮、麒麟、猫、鼠、熊等。由于表现形式多样，反映的内容也就广泛，寓意也比较深刻，如《猫

---

① http://news.folkw.com/www/fwzwhyc.

扑鼠》、《虎斗牛》、《蛤斗鳖》表现了善与恶的斗争，《龙舞》、《狮子》、《老虎》则表现了一种威慑力量，能降魔避邪。《麒麟》、《百鸟朝凤》、《鲤鱼跳龙门》、《猫蝶富贵》则象征着吉祥如意、生活美满，《竹马》反映了古人围猎或作战时的机智勇敢。除此之外，还有《花车》、《花辇》、《跑驴》、《姜老背姜婆》、《二鬼摔》等形式，也都是以道具为主要表现手段，表现了人间的爱情生活或历史故事。假形舞蹈表演的成败，仰赖于道具工艺水平的优劣，所以艺人们对道具的制作力求出奇创新，制作出来的道具不仅精美新奇，而且能以假乱真，甚至有的由于艺人保密不传，导致整个舞蹈的失传。① 如辛县的《火狮子》，从道具制作到表演结束，始终是在保密情况下进行的，一对由火光线条构成的狮子，在紧锣密鼓声中突然跃出，场地上顿时火星四溅，硝烟弥漫，在夜幕的掩护下，双狮蹿腾跳跃，争球戏耍，观者无不拍手叫绝，惊叹之余，人们不禁提出，狮身上的火星是怎样迸发出来的呢？据知情者透露：狮皮是用铁丝扎成狮架，用毛边纸（易燃不烧人）搓成 3600 根火芯（系在狮架上）为狮毛，演出前把每根火芯点着，在观者毫无注意的时候突然出现，使观者大为震惊（图 19—55②、图 19—56）。

图 19—55　假形舞蹈《虎斗牛》

①　叶涛：《山东民俗》，甘肃人民出版社 2003 年版，第 346 页。

②　http：//www. b2feiyi. com/shownews. asp? id = 45.

图 19—56　假形舞蹈《姜老背姜婆》

　　曹县北关的《狮子》，是一对金色长毛狮子，小巧玲珑，精致灵活、演技高超，最出名的艺人外号叫"梁妞儿"，可在 48 张桌子组成的"高山上"表演许多高难的技巧动作，临将结束时，母狮在山的最高处，出人意料地生下一只活泼可爱的幼狮。至于幼狮是怎样被带上去的，至今还是个谜。流传在临沂市大官庄的《标马》，不落俗套，具有特色，其内容表现古代北国一个运粮队的故事。①

　　在沂南县幞头山湖村还有一种与众不同的《竹马》，十数匹小型战

————————

　　①　中国艺术研究院舞蹈研究所：《舞蹈艺术》（1987 年第一辑），文化艺术出版社 1987 年版，第 168 页。

马，在十余杆战旗的引导下，围绕四堆碌碡火光（每一碌碡上放一口铁锅，锅内放油点燃）跑阵式。浓烟滚滚、烈火熊熊，鞭声哨声，厮杀格斗声此起彼伏，一场扣人心弦的夜战场面立刻浮现在观众面前，使你仿佛闻到了古战争的烈火硝烟。流传在曹县城关的《竹马》则是另一种风格，为首的头马称老帅，骑一匹龙头金马，带领十几匹俊马（马上为小姐丫鬟）外出行围打猎，马队中有手执猎枪和架鹰的猎人，十几名武士为老帅护卫。舞蹈表现围猎全过程，围猎中穿插爱情故事，总的格调给人以悠闲逍遥之美感。

《放蝴蝶》是一种舞蹈与杂技相结合的形式。据曹县阵岩村老艺人陈洁贤讲，该舞是在明代嘉靖年间，由一名流浪艺人从河北省传来。舞蹈表现左员外的三个女儿，由丫鬟和家丁憨宝陪同游园赏花，在此之际，憨宝突然一个滚身，数十只蝴蝶翩翩飞舞，少女急忙捕捉，越捕越多，据说最多时可放出百余只蝴蝶。最后佣人忽报山大王前来抢亲，憨宝一个滚身把百余只蝴蝶尽收身上。这一手真可谓齐鲁民间舞中的一绝。

除上述外，流传在齐鲁各地的假形舞蹈还有：《猩斗虎》、《狮斗猫》、《狗熊》、《蛤蟆斗老鼠》、《山鸡》、《火虎》、《鹿鹤同春》等。

参考文献

1. 王华莹：《戏剧探索文论·戏论集》，中国戏剧出版社 2001年版。

2. 宣兆琦：《齐文化通论》，新华出版社 2000 年版。

3. 梁方健：《鲁国史话》，山东文艺出版社 2004 年版。

4. 赵连赏：《中国古代服饰图典》，云南人民出版社 2007 年版。

5. 周锡保：《中国古代服饰史》，中国戏剧出版社 2002 年版。

6. 黄能馥、陈娟娟：《中国服装史》，中国旅游出版社 2001 年版。

7. 袁杰英：《中国历代服饰史》，高等教育出版社 1994 年版。

8. （清）戴震：《深衣解》，上海古籍出版社 2002 年版。

9. 谢治秀：《辉煌三十年山东考古成就巡礼》，科学出版社 2008年版。

10. 周汛：《中国古代服饰风俗》，陕西人民出版社 2002 年版。

11. 高格：《细说中国服饰》，光明日报出版社 2005 年版。

12. 陈茂同：《中国历代衣冠服饰制》，新华出版社 1993 年版。

13. 高春明：《中国服饰》，上海外语教育出版社 2002 年版。

14. 华梅：《中国服装史》，天津人民美术出版社 2006 年版。

15. 孟晖：《中原历代女子服饰史稿》，作家出版社 1995 年版。

16. 邵云等：《陶瓷》，山东友谊出版社 2002 年版。

17. 王绣等：《服饰》，山东友谊出版社 2002 年版。

18. 崔锦、王鹤：《民间艺术教育》，人民出版社 2008 年版。

19. 捷人、卫海：《中国美术图典》，海南国际新闻出版中心 1996年版。

20. 华梅：《中国近现代服装史》，中国纺织出版社 2008 年版。

21. 夏燕靖：《艺术中国·服饰卷》，南京大学出版社 2010 年版。

22. 赵晓玲：《服饰文化纵览》，山西人民出版社 2007 年版。

23. 来汶阳、兰马、舒仁庆：《现代时装设计》，江西科学技术出版社 1991 年版。

24. 齐涛：《丝绸之路探源》，齐鲁书社 1992 年版。

25. 王华营：《齐鲁大趋势——丝绸分册》，山东人民出版社 1991 年版。

26. 陈龙飞：《山东省经济地理》，新华出版社 1992 年版。

27. 张福信：《齐都春秋——淄博历史述略》，山东友谊出版社 1987 年版。

28. 山东省济宁市政协文史资料委员会：《济宁风俗通览》，齐鲁书社 2004 年版。

29. 陈澄泉、宋浩杰：《被更乌泾名天下黄道婆文化国际研讨会论文集》，上海古籍出版社 2007 年版。

30. 李新华：《齐鲁工艺史话》，山东文艺出版社 2004 年版。

31. 叶又新：《山东民间蓝印花布》，山东美术出版社 1986 年版。

32. 鲍家虎：《山东民间彩印花布》，山东美术出版社 1986 年版。

33. 李新泰：《齐文化大观》，中共中央党校出版社 1992 年版。

34. 李群：《传统技艺》，山东友谊出版社 2008 年版。

35. （清）沈寿：《雪宦绣谱》，重庆出版社 2010 年版。

36. 李新华：《山东民间艺术志》，山东大学出版社 2010 年版。

37. 王复兴：《山东土特产大全》，济南出版社 1989 年版。

38. 万建中：《中国民俗通志生养志》，山东教育出版社 2005 年版。

39. 王映雪：《齐鲁特色文化丛书：服饰》，山东友谊出版社 2004 年版。

40. 张志春：《中国服饰文化》，中国纺织出版社 2009 年版。

41. 蔡子谔：《中国服饰美学史》，河北美术出版社 2001 年版。

42. 华梅、施迪怀：《服饰与理想》，中国时代经济出版社 2010 年版。

43. 安毓英、杨林：《中国民间服饰艺术》，中国轻工业出版社 2005 年版。

44. 山曼、柳红伟：《山东剪纸民俗》，济南出版社 2002 年版。

45. 郑军：《山东民间剪纸》，黑龙江美术出版社 1996 年版。

46. 郑军、乌琨：《民间手工艺术·山东卷》，山东人民出版社 2008 年版。

47. 山东省群众艺术馆编：《山东民间木版年画》，山东人民出版社 1960 年版。

48. 张桂林：《传统音乐》，山东友谊出版社 2008 年版。

49. 史忠民：《传统美术》，山东友谊出版社 2008 年版。

50. 叶涛：《山东民俗》，甘肃人民出版社 2003 年版。

51. 中国艺术研究院舞蹈研究所：《舞蹈艺术》（1987 年第一辑），文化艺术出版社 1987 年版。

52. 华梅：《古代服饰》，文物出版社 2004 年版。

53. 陈书良审定：《春秋·左传》，新疆人民出版社 1995 年版。

54. 黄强：《中国内衣史》，中国纺织出版社 2008 年版。

55. 张从军：《汉画像石》，山东友谊出版社 2002 年版。

56. 李凇：《汉代人物雕刻艺术》，湖南美术出版社 2001 年版。

57. 济南市博物馆：《谈谈济南无影山出土的西汉乐舞、杂技、宴饮陶俑》，《文物》1972 年第 5 期。

58. 陈先运：《章丘历史与文化》，齐鲁书社 2005 年版。

59. 上海市戏曲学校中国服装史研究组：《中国历代服饰》，学林出版社 1984 年版。

60. 赵超：《霓裳羽衣：古代服饰文化》，江苏古籍出版社 2002 年版。

61. 孙秉明：《北齐崔芬壁画墓》，文物出版社 2002 年版。

62. 中国美术全集编辑委员会：《中国美术全集　绘画编 12》，文物出版社 1989 年版。

63. 山东省文物考古研究所：《山东二十世纪的考古发现和研究》，科学出版社 2005 年版。

64. 萧涤非：《汉魏六朝乐府文学史》，人民文学出版社 1984 年版。

65. （清）史梦兰：《全史宫词》，大众文艺出版社 1999 年版。

66. 蒋光：《中国历代名画鉴赏》（上册），金盾出版社 2004 年版。

67. 邵彦:《中国绘画的历史与审美鉴赏》,中国人民大学出版社2000年版。

68. 王之厚:《唐代石雕女骑俑》,《山东画报》1988年第9期。

69. 山东省博物馆:《山东省博物馆藏品选》,山东友谊出版社2001年版。

70. 许淑珍:《山东淄博市临淄宋金壁画墓》,《华夏考古》2003年第1期。

71. 胡志鹏:《泰山大观》,齐鲁书社2006年版。

72. 国家文物局:《中国文物精华大辞典 金银玉石卷》,商务印书馆1996年版。

73. 天津人民美术出版社:《中国历代山水画选2》,天津人民美术出版社2001年版。

74. 韦辛夷:《提篮小卖集》,山东画报出版社2008年版。

75. 吴企明:《历代名画诗画对诗集 人物卷》,苏州大学出版社2004年版。

76. 济宁市市中区政协编:《济宁老照片》(《文史资料》第12辑),济宁市新闻出版局2000年版。

77. 《老照片》编辑部:《风物流变见沧桑》,山东画报出版社2001年版。

78. [加] 施吉利:《老山东 威廉·史密斯的第二故乡》,山东美术出版社1996年版。

79. 谢昌一:《山东民间年画》,山东美术出版社1993年版。

80. 赵承泽:《中国科学技术史 纺织卷》,科学出版社2002年版。

81. 何光岳:《炎黄源流史》,江西教育出版社1992年版。

82. 孙雍长:《训诂原理》,语文出版社1997年版。

83. 倪孔宣、石金昌:《源远流长的山东丝绸》,《丝绸》1998年第12期。

84. 山曼:《齐鲁之邦的民俗与旅游》,旅游教育出版社1995年版。

85. 赵维臣:《中国土特名产辞典》,商务印书馆1991年版。

86. 汤敏:《周村开埠后的丝绸业及其对山东丝绸的影响》,《历史教学问题》1995年第5期。

87.《汉语大字典》编辑委员会：《汉语大字典》第 3 卷，湖北辞书出版社 2001 年版。

88. 王星光：《中原文化大典·科学技术典·农业　水利　纺织》，中州古籍出版社 2008 年版。

89. 张奇伟：《亚圣精蕴孟子哲学真谛》，人民出版社 1997 年版。

90. 赵屹、唐家路：《花格子布》，河北美术出版社 2003 年版。

91. 黄云生：《王充教育思想论》，复文图书出版社 1985 年版。

92. 孙庆芳：《中国石文化》，《中国石文化》杂志社 2003 年版。

93. 王德明：《孔子家语译注》，广西师范大学出版社 1998 年版。

94.（清）王聘珍：《大戴礼记解诂》，中华书局 1983 年版。

95. 张志春：《中国服饰文化》第一卷，中国纺织出版社 2001 年版。

96.《潍坊杨家埠年画全集》编委会：《潍坊杨家埠年画全集》，西苑出版社 1996 年版。